微生物提高原油采收率现场应用技术

柯从玉　孙妩娟　著

U0338071

中国石化出版社

内 容 提 要

本书以宝力格油田规模化整体微生物驱现场应用为例，介绍了微生物提高原油采收率现场应用技术，详细阐述了国内外微生物采油技术应用发展现状、宝力格油田开发现状及存在的矛盾、微生物菌种筛选及性能评价、微生物凝胶组合驱先导性试验及效果评价、整体聚合物调剖-微生物组合驱现场应用及维护配套技术、影响微生物驱作用因素及微生物代谢产物在油气田的应用技术，对我国微生物采油技术的发展及相关技术的推广应用具有一定的指导意义。

本书可供从事油气田生产、生命科学和环境科学的科研及技术人员参考使用，也可作为石油院校的石油工程、石油地质和环境工程等专业的选修课用书。

图书在版编目（CIP）数据

微生物提高原油采收率现场应用技术／柯从玉，孙妩娟著.
—北京：中国石化出版社，2020.3
ISBN 978-7-5114-4238-3

Ⅰ．①微… Ⅱ．①柯… ②孙… Ⅲ．①微生物学-新技术应用-石油开采-提高采收率 Ⅳ．①TE357

中国版本图书馆 CIP 数据核字（2020）第 041137 号

未经本社书面授权,本书任何部分不得被复制、抄袭,或者以任何形式或任何方式传播。版权所有,侵权必究。

中国石化出版社出版发行
地址:北京市东城区安定门外大街 58 号
邮编:100011　电话:(010)57512500
发行部电话:(010)57512575
http://www.sinopec-press.com
E-mail:press@sinopec.com
北京艾普海德印刷有限公司印刷
全国各地新华书店经销

*

710×1000 毫米 16 开本 14.5 印张 240 千字
2020 年 3 月第 1 版　2020 年 3 月第 1 次印刷
定价:65.00 元

Preface 前言

在世界范围内，经过一次和二次常规采油之后，遗留在地层中的残余油仍然占总储量的 35%～55%，故如何提高采收率，从地下采出更多原油，一直是世界上各个国家不断研究的课题。如今，大多数油田都进入开发后期，产出液含水率高达 90% 以上，原油含水率不断升高，开采难度越来越大，投入产出比不断降低。因此，当今石油工业面临的一个重要问题是针对开发成熟和即将枯竭的油田，如何进一步开采出仍留在地下未被采出的原油。

随着我国国民经济的迅猛发展以及石油科技的不断进步，人们开始对油田采油技术提出越来越高的要求。微生物提高原油采收率技术（MEOR）将筛选的微生物菌种及其营养源注入地下油层，使微生物在油层中生栖繁殖，一方面利用微生物对原油的直接作用，改善原油物性，提高原油在地层孔隙中的流动性，另一方面利用微生物在油层中生长代谢产生的气体、生物表面活性物质、有机酸、聚合物等物质，来提高原油采收率。MEOR 是技术含量较高的一种提高采收率方法，包括微生物在油层中的生长、繁殖和代谢等生物化学过程，还包括微生物菌体、微生物营养液、微生物代谢产物在油层中的运移，以及与岩石、油、气、水的相互作用引起的岩石、油、气、水物性的改变。该技术具有成本低、适应性强、施工方便、不伤害地层及与环境友好等特点，有望成为未来油田开发后期稳油控水、提高采收率的主要技术之一，特别对于枯竭或近枯竭的油藏更显示其强大的生命力，因而在各大油田开采作业中得到广泛应用。

国内外的实践已证明 MEOR 技术对高黏、高凝油藏的开发具有较强的针对性，它能够经济有效地从油藏中采出更多的油，使采收率较水驱有较大幅度的提高，符合"稳定东部，开发西部"的战略方针，意义重大。目前，随着现代生物学技术等学科的发展，微生物采油技术正以其独特的优点与广阔的发展前景，在国内外引起广泛重视，并且获得了许多成功应用的实例。

MEOR 技术具体包括微生物单井吞吐、微生物调剖堵水、微生物清蜡防蜡、微生物聚合物驱及微生物强化水驱（微生物驱）技术，其中微生物驱技术是将预先筛选和配制好的微生物菌液及营养液从水井注入，从对应油井采出。相比于其他 MEOR 技术，微生物驱油技术还具有作用范围广、持续时间长及投入产出比高的优点，被认为是目前最具有前景的一种提高采收率方法，然而该技术在现场规模化应用方面还缺乏成功案例和成熟经验。本书以理论和实践相结合，系统介绍了微生物驱油技术理论及宝力格微生物驱现场应用实例，使人们充分认识微生物驱油技术在现场应用方面的发展前景，同时也使更多的从事微生物采油专业技术人员能详细了解和认识到微生物驱油技术在三次采油中的重要作用，并可能对他们的工作实践予以借鉴和指导。

全书共 7 章，其中第 1~5 章由柯从玉编著，第 6 章和第 7 章由孙妩娟编著，全书由柯从玉统稿。

本书的出版获得西安石油大学优秀学术著作出版基金资助，在此表示衷心的感谢，特别感谢吴刚和游靖两位高级工程师对本书提供的帮助和支持，感谢魏颖琳和路郭敏两位同学在本书绘图和修改工作中的帮助。

由于作者的知识水平有限，书中难免有不妥及疏漏之处，恳请读者批评指正。

Contents 目 录

第 1 章

微生物采油技术原理与应用现状

微生物采油技术，即微生物提高原油采收率技术(Microbial Enhanced Oil Recovery，MEOR)，是通过将筛选的微生物注入油藏或向油藏注入营养以激活内源微生物，利用微生物在油藏中的有益活动、微生物的代谢产物与油藏中液相和固相的互相作用、对原油/岩石/水界面性质的特性作用等来改变原油的某些物理化学特征，改善原油的流动性质，从而提高原油采收率的综合性技术。采油微生物代谢过程中除了产酸、生物表面活性剂和气体等代谢产物外，还产生聚合物和有机溶剂等，所有这些代谢产物都能在不同程度上以不同方式作用于地层原油，改善原油的性质，从而有利于原油的开采。微生物采油技术经过多年的发展，目前已逐渐成为国内外发展迅速的提高原油采收率技术，也是21世纪一项高新生物技术。

1.1　微生物采油技术概述

在油气田生产开发中，油藏中原油采收率的大小，主要取决于两方面：一是取决于波及效率，二是取决于波及范围内的驱油效率，二者的乘积即为采收率。MEOR 技术主要包括微生物驱油和微生物调剖技术，微生物驱油是利用微生物细胞及其代谢产物(糖脂类、脂肤类等生物表面活性剂、气体、有机酸及小分子有机溶剂类等)，作用于原油或地层，微生物本身能够以原油重质组分为营养物，促使原油重质组分轻质化，同时在地层岩石表面形成生物膜，剥离附着在岩石孔隙表面的油膜，降低原油黏度和油水界面张力，提高油藏多孔介质中原油的流动性，最终提高驱油效率；微生物调剖是利用微生物菌体本身的大小和代谢产生的高黏度的聚合物(胞外多糖类物质)，选择性封堵油藏中的高渗透条带、降低油藏的非均质性、提高驱动压力、改变注入水水流方向、增大注水波及体积和油水流度比，驱替未波及区域的剩余油，从而达到提高油田采收率的目的。

1.1.1　微生物采油技术的重要地位

在世界范围内，经过一次和二次常规采油之后，油藏的总采收率一般只能占地下原油的45%～65%。遗留在地层中的残余油仍然只占总储量的35%～55%，故如何提高采收率，从地下采出更多原油，一直是世界上许多国家不断研究的课题。自19世纪初石油开采产业化形成以来，随着全球石油勘探开发程度的逐步加深以及经济发展对石油需求的不断增大，地下剩余油可采储

2

量正在日趋减少，资源品质明显变差，与此同时，现代经济和生活对石油的依赖程度却越来越大。因此，如何充分利用不可再生的有限石油资源，努力提高探明地质储量的采收率已成为世界各国油田开发工作者日益关注的焦点。

目前世界上常规原油的可采储量预计为 $1272 \times 10^8 \mathrm{m}^3$，稠油、特稠油及沥青的可采储量约 $1510 \times 10^8 \mathrm{m}^3$，超过了常规原油，其年产量高达 $1.27 \times 10^8 \mathrm{t}$ 以上。从地域分布情况来看，加拿大的稠油储量最为丰富，其次是委内瑞拉、美国、俄罗斯、中国等国家。我国稠油资源分布广泛，已在 12 个盆地发现了 70 多个稠油油田，预计我国稠油和沥青资源量达 $300 \times 10^8 \mathrm{t}$ 以上，其中陆地稠油约占石油总资源的 20% 以上，具有很大的开采潜力。可以预测，随着常规原油产量的递减，21 世纪会以稠油开采为重点，以弥补石油能源的不足，故有人称"我们正进入一个新的石油时代——重质原油时代"。由此可见，稠油油藏作为一种特殊类型的油藏已逐渐成为油气储量的增长点，成为重要的勘探、开发目标。深化对常规稠油油藏特征及开发特点的认识是当今石油地质及石油工程理论中的一大发展，也是一个重要的研究课题。

然而，稠油是一种高黏度、高密度的原油，开采、集输和加工难度大，因此，如何降低成本，最大限度地把稠油、超稠油开采出来，是世界石油界面临的共同课题。针对稠油开采技术，国内外学者已做了大量研究工作。我国稠油开采 90% 以上依靠蒸汽吞吐或蒸汽驱，采收率能达到 30% 左右。通过深化热采稠油油藏井网优化调整和水平井整体开发的技术研究，配套全过程油层保护技术、水平井均匀注汽、热化学辅助吞吐、高效井筒降黏举升等工艺技术驱动，有效保障了热采稠油产量的持续增长。目前提高稠油油藏产量的思路主要是降低稠油黏度、提高油藏渗透率及增大生产压差。主要成熟技术是注蒸汽热采、火烧油层、热水+化学吞吐以及携砂冷采等。

微生物采油技术作为一种稠油开采的新技术，具有效率高、成本低、工艺简单和环境友好等优势，其良好的降黏效果对于稠油油藏，尤其是枯竭或近枯竭的油藏显示出强大的生命力。因此，微生物采油越来越受到国内外各大油田的广泛重视，并逐渐在理论研究和生产实践中占据一定的比重，已成为扩大稠油资源利用的重要途径。

随着国际石油价格的不断飙升以及能源消耗的不断增长，世界各国必将对微生物这种既经济又有效地提高采收率的技术愈加重视，相应地增大其研究与投资力度。因此，我们坚信，随着人们研究水平的不断深入以及实践经验的不断积累，微生物采油技术必将产生新的飞跃，为世界石油工业的发展发挥更大的作用。

1.1.2 微生物采油技术的特点

随着生物技术的应用与发展，尤其是分子生物学手段的应用，有力地推动了微生物采油技术的进步。与其他三次采油技术相比，微生物采油技术具有适用范围广、工艺简单、成本低廉、作用时间长及环境友好等特点，可以有效延长油井的开采周期，尤其针对边际油田、快枯竭油藏及稠油油藏的开发具有明显优势。其主要优点如下：

（1）适用范围广。MEOR 技术可开采各种类型的原油（轻油、中质原油、重油），尤其适合于稠油开采。另外，该技术还可解决油井生产中多种问题，如降黏、清防蜡、防垢、解堵及调剖等。

（2）工艺简单。MEOR 技术利用常规注入设备即可实施，一般不必增添井场设备。通过油井现有注水管线或油套环形空间就可以将菌液及营养液直接注入油层，通过停止注入营养液就可以终止微生物的活动。

（3）成本低、经济效益好。微生物采油菌一般能够以地层原油为碳源，以水为生长介质，只要辅助注入适量的碳源、氮源、磷源及生长因子等就可以维持微生物的快速生长繁殖，而且注入的微生物菌种循环重复使用，因此大大降低了驱油成本。

微生物采油菌具有体积小、自我繁殖快、运动性及适应性强等优点，只要提供充足的营养，微生物就可以在油藏中持续繁殖并产生代谢产物，作用效果持续时间长，而且微生物只在有油的地方繁殖并产生代谢物，克服了盲目性。微生物菌体能够随地下流体自主进入其他驱油工艺难以作业的盲区（如死油区或裂缝），使得有效驱油面积增大，尤其有利于提高边际油田的采收率。大量矿场试验表明，微生物采油可以达到 1∶5 的投入产出比。

（4）环境友好。微生物自身及代谢产物都可以生物降解，较之其他的采油方法而言，微生物采油菌一般无污染，不损害地层，具有良好的生态特征，是一种真正意义上的绿色采油技术。

由于微生物采油技术本身所具有的诸多优点，该技术越来越受到人们的青睐，同时也引起了微生物学、石油工程、石油地质界等各大相关学科的广泛兴趣和关注。尤其在近 10 年来，微生物采油技术在国内外各大油田得到了广泛的发展和应用，并取得了良好的效果，可以预计，随着 MEOR 技术发展和日趋成熟，该技术将在三次采油领域发挥更大的作用。

1.1.3 微生物采油技术发展概况

MEOR 技术的研究与应用，一般划分为四个阶段：

第一阶段，从利用微生物采油设想的提出到 1965 年，这一阶段是基础理论研究阶段，理论和室内实验刚开始起步，缺乏有效的实验设备、研究手段和理论支撑，现场实施和方案设计主要以经验为主。美国学者 Beckman 于 1926 年提出了利用微生物提高原油采收率的设想，紧接着，美国学者 ZoBell 分别于 1946 年和 1953 年申请了微生物采油方法的两个专利，分析了微生物作用原油的原理。苏、美学者于 20 世纪 40 年代做了大量的微生物在油田中的研究工作，从而促进了微生物提高原油采收率的发展。苏联的 Kuznetsov 等借助"油田水微生物群态"项目，开展大范围油藏菌群的调查试验，发现了油藏中存在大量的微生物菌群。20 世纪 50 年代，美国、苏联、加拿大等国家先后开展了微生物及利用各种微生物代谢产物来提高原油产量的技术研究，并于 1954 年，在美国的阿肯色州成功进行微生物驱油的矿场试验，结果取得了预期效果。从实质上看，这一时期的研究水平也仅仅是探索了微生物采油技术的可行性及发展方向，但上述工作奠定了细菌采油的基础，属于基础研究阶段。

第二阶段，是从 1966 年到 1995 年，这一阶段是经济技术需求阶段，也是 MEOR 技术蓬勃发展的时期，英国、美国、加拿大、罗马尼亚、苏联及澳大利亚等国的研究人员开展了大量的理论研究和室内实验，并开始转向矿场试验。但这些研究都仅限于实验，未进入现场应用。由于 70 年代的石油危机，重创世界经济发展，各国纷纷转向开发低成本、高效益的提高石油采收率技术，为 MEOR 技术的"黄金时代"奠定了良好基础，人们开始深入地探索微生物提高采收率机理、并提出了系统的室内评价方法、改进矿场注入设备、制订油藏筛选标准及研制微生物提高采收率数值模拟软件，使得微生物单井处理技术(吞吐和清防蜡)在油田解决生产问题上得到成功应用。1967 年，美国人赫特曼经过多年的研究发现，一些微生物孢子、好氧和厌氧微生物都能够将原油作为唯一碳源，补充孢子和细胞活动所需的能量，而对于好氧微生物来说，在有氧的情况下，能够快速、大量的繁殖和代谢，但是在油层深部(靠近生产井)地带处于绝对厌氧环境，这将严重阻碍好氧微生物的生长，因此对于利用好氧微生物提高原油采收率的工艺技术，为了保证驱油效果，在工艺实施现场应该辅助注入氧气或空气供其能够更好地生长。1983 年，Moses

等人通过调查发现，油藏中拥有能以石油作为唯一碳源、厌氧生长的微生物，但生长速度非常缓慢，需要几个月时间才能检测到。1963年，苏联学者Kuznetsov等人通过"油田水微生物群态"项目的研究和实验，发现在苏联的一些油气藏中具有丰富的内源微生物；1970年，Senyukov等学者正式提出"本源微生物提高采收率方法"，即通过注水井向目的油层中注入针对性较强的营养体系，启动特定的采油功能菌群，通过本源微生物的繁殖和代谢，降低油水界面张力、改变岩石润湿性、改善油水流度比、增加原油流动性，达到提高油井产能和采收率的最终目的。

1988年，Ivanov和Belyaev等学者报道了苏联罗马什金油田采用MEOR技术的成功矿场应用试验，该试验是在对油藏中固有微生物认识的基础上，有针对性地选择启动组分，辅助空气伴随注水一起将体系注入目的层中。经后续对从油井产出液分离出的水样分析表明，在经过微生物驱后，地层中的微生物数量较微生物驱之前明显升高，从生产上来看，单井产量也得到了显著的提高。在美国，从1975年到1990年期间，受美国政府资助的国内油田MEOR项目就超过了20个，而由斯坦福大学承担的MEOR项目中，有3个超过千万美元，由此可见美国政府及其组织对MEOR技术的认可程度、重视力度及发展期望。国内微生物采油技术的研究起源于20世纪50年代，中国科学院微生物研究所的王修垣等在室内研究基础上，在玉门油田开展微生物驱油现场先导试验。大庆油田石油微生物研究于60年代开始进行微生物采油技术研究，初期的研究主要集中在油井水淹层的判断，后期才开始致力于提高采收率方面的研究工作。1966年，新疆油田开始研究利用微生物来解决高含蜡井的清防蜡问题，1986年开展微生物在稠油油藏中的清防蜡技术的研究工作。大庆油田微生物采油技术研究始于1965年，1990年率先在国内进入矿场试验，短短几年的时间，中国石油天然气股份有限公司和中国石油化工股份有限公司先后在开展了微生物清防蜡、解堵和驱油技术的推广及应用工作，各种矿场试验超过1300口井，累积增产原油超过10×10^4t。现场试验方向和发展趋势逐步由单井措施向区块整体试验发展、由浅层向中深层发展、由低温油藏向高温油藏发展、由低含水井向高含水井发展、由孔隙型油藏向裂缝型油藏发展，伴随着现场试验问题和难度的增加，先导试验的结果则更具有代表性和广泛性。

第三阶段，是1996年到2005年，这一时期是MEOR技术的快速发展时期，研究人员对MEOR技术的研究更加彻底和深入，而内源微生物强化驱油技术的研究和应用得到了更进一步的发展和重视，内源微生物驱油技术在这一时期成为 MEOR 研究工作的核心内容。目前，大庆油田微生物单井吞吐技术已经成熟，逐渐完善微生物驱及吞吐与驱相结合的配套技术，并积极探索聚合物驱后利用微生物调驱、微生物与三元复合驱结合技术，将微生物采油作为聚合物驱后的储备技术。胜利油田从 1995 年开始微生物单井处理，1998 年开始微生物驱油技术研究和试验，2000 年开始空气辅助微生物驱油技术研究，2001 年开始内源微生物驱油技术研究，2002 年以来，胜利油田成功进行了多次先导性矿场试验，还开展了微生物解堵现场试验，取得较好的效果。经过十几年的研究和发展，胜利油田已形成一支成熟的微生物采油技术科研梯队，创建了国内最先进的微生物采油实验室，建立了菌种筛选及保藏、现场实施效果评价和微生物驱油油藏评价等理论研究体系，在技术应用方面形成了微生物单井处理技术、微生物区块驱油技术。

微生物强化驱油技术是将从目的油层中筛选得到的微生物菌种，在地面进行扩增，微生物发酵液和营养体系稀释一定的浓度，从注水井井口伴随注入水一起注入目的油层的方法，注入的微生物是通过在目的层产出液中优选得到的驱油功能菌种，微生物进入油层后，开始生长繁殖，并代谢产生活性物质。代谢产生的活性物质主要为生物表面活性剂、小分子有机溶剂等，这些物质与原油发生一系列的反应，直接或间接作用于原油，达到降低原油黏度、提高原油的流动性的目的，借助注入水的驱动力输送到生产井中，从而达到增加单井产能和提高采收率的目的。微生物强化驱油提高了注入水的活性，增加了水驱油效率，同时依靠注采井网的完善程度和对应关系，实现对连通油层的处理，从而实现油藏剩余油启动的有效性。同油藏注水一样，微生物本身驱替也是针对整个区块，对于注入井和生产井数量较多的区块，若实施微生物驱油，整体投资较大，效果体现较慢，但是相比于其他处理方式，微生物驱油的作用有效期要更长。微生物强化水驱相比于其他微生物采油技术的优势，使得该项技术成为世界各国研究人员的研究重点。近几年，随着国家对节能环保和绿色油田建设的需要，国内相关研究微生物采油技术的科研院所和高校也加入了这项研究的大军，其中包括中国科学院渗流流体力学研究所、中石油勘探开发研究院提高采收率中心、国内各油田研究院、北京大学、中国石油大学（北京）、中国地质大学、西南石油大学、东北石油大学、长江大学、华东理工大学、南开大学、西北大学等，承担了国家"863"和"973"相关课题的研究和现场试验工作。目前，我国微生物采油技术已基本接近世界水平，但是研究基本处于室内实验阶段，截止到 2005 年，还没有令人信服的、成功的矿场试验。

第四阶段，是 2005 年以后的这段时期，属于微生物驱油技术工业化推广应用阶段，这一阶段在提高采收率菌种的培育中，引入生物工程和基因工程技术，针对油藏条件构建具有优良性能的高效驱油功能工程菌，成功地将微生物学、生态学、基因工程学、物理化学、油田化学、开发地质学和油藏工程学等交叉学科实现有机的结合，提出了一些新的微生物采油技术方法和理论。工程微生物是利用现代生物工程和基因工程技术构建和培养出来的，可依据油藏条件来构建提高采收率工程菌，使其比天然菌种具有较高代谢功能的特定性能。例如：能够降解稠油长链烃（蜡质、胶质和沥青质等）组分的工程菌，微生物菌体较大或能够代谢产生大分子量聚合物的调剖工程菌，高产生物表面活性剂的驱油工程菌等。

目前，在国外用于石油开采领域的微生物菌种有野生菌也有工程菌。国内一些研究机构和高校也已经在工程菌方面开展了相关的研究，南开大学生命科学院的高枫等人应用 DNA 转化法，构建多功能石油降解菌；吉林油田勘探开发研究院的吕振山等通过添加生长因子诱导育种和反复驯化等手段，使一株产气菌的产气量提高 80%，李尔巧等在江苏石油化工学院通过多基因转化法构建了 7 种工程菌，其中包括嗜盐和石油脱硫工程菌；宋绍富等利用原生质体融合技术，将一株可利用原油为碳源代谢生物表面活性剂、并耐温、耐盐、耐酸碱的芽孢杆菌 I 和一株在 30℃利用糖蜜代谢产生水不溶性多糖聚合物的肠内杆菌 JD 融合，多次传代培养优选得到的融合子，得到代谢多糖性能优异和遗传性状稳定的融合菌 9 株；李焕杰等在德氏假单胞菌中电击导入构建的血红蛋白基因表达质粒，构建了基因工程菌，构建的工程菌生长速率高，脱硫活性提高了 214 倍，但在实际现场应用中，工程菌脱硫率为69.19%，原始菌为 57.12%，工程菌提高脱硫效率不明显；中国海洋大学的宋永亭以地芽孢杆菌 MD-2 为目标菌株，对降解长链烷烃的单加氧酶基因此sladA 进行了克隆和表达，构建重组质粒 pSTE33，并将 sladA 克隆到重组质粒上，通过电击转化将重组质粒导入嗜热脱氮土壤芽孢杆菌中，构建了 SL-21基因工程菌，在对 SL-21 工程菌性能评价后，发现工程菌具有嗜热功能，能够在 70℃温度下生长，培养 14d 后，对原油的降解率达到了 75.08%，同时发现，在不同的基因工程菌株中，烷烃单加氧酶基因 sladA 表达的效率不同，因此对重组质粒的遗传稳定性仍需进一步的研究；陈康等将来自德国基尔大

8

学、含有原油降解功能基因 *Lys* 的质粒 PKsphil-2 通过电击转化导入筛选自胜利油田的宿主菌株 S25A1 感受态中，得到 PKS25A1 工程菌，所构建的工程菌对原油中的植烷和姥鲛烷具有很好的降解作用；南开大学的马挺运用全 DNA 转化法，将嗜胶质菌株假单胞菌 Z17 的全基因组 DNA 转入嗜蜡的不动杆菌体内，经高胶油选择培养基筛选，得到转化子不动杆菌 ZH20，构建基因工程菌，此工程菌不仅保留了嗜蜡性能，而且获得了嗜胶质性能，能够显著降低原油凝固点，进而降低原油的黏度，在 50℃条件下，高胶油黏度降低率达到 22.2%，高蜡油凝固点降低 2.5℃，液蜡培养基连续传代 10 次，性能表现稳定；宁波大学的梁静通过对原油降解微生物菌群的 16S rDNA 序列的研究发现，原油降解优势菌群的顺序依次为苍白杆菌属、短波单胞菌属和无色杆菌属，其原因主要为苍白杆菌能高效降解脂肪烃类芳香烃，短波单胞菌对烷烃降解能力较强，而无色杆菌能高效降解萘、蒽和菲等；西北大学生命科学学院的陈富林等应用鼠李糖脂转移酶重组质粒技术，构建高效驱油微生物菌株，并在鄂尔多斯盆地进行现场应用，取得良好效果，现场应用结果表明微生物提高采收率技术具有广阔的应用远景。通过对前人在微生物驱油方面的研究工作总结发现，伴随着现代生物技术的成长和驱油微生物工程菌快速、高效的开发和应用，微生物驱油技术将会进入更加广阔的、崭新的时期，并将在油藏开发中后期改善水驱开发效果、强化采油方面发挥更加重要的作用。大庆油田和胜利油田均建立了微生物采油菌种库，共保藏了 400 多株不同性能的菌种。近几年，又引入微生物分子生态学分析方法，将油藏作为一个生态环境，研究其中的微生物组成，提高了对油藏微生物生态结构的认知程度，并在此基础上发展了内源微生物驱油技术研究，实现了内源微生物的选择性激活。在微生物驱油效果评价方面，大庆油田和胜利油田也都探索了相关的评价方法，并有了初步的标准。

微生物驱油技术是一项经济、简便、绿色环保的提高原油采收率技术，因而受到世界各原油生产国的普遍重视，但是在微生物驱油基础理论研究和现场应用方面，国内外目前虽然已经做了大量的研究和试验性的工作，但是大多沿用传统的化学、物理或生物的方法和技术，且技术之间联系性较少，属于单一个体之间的直接拼接，没有形成一个有机、统一的整体。

2009 年 4 月在尼日利亚召开"世界石油微生物技术大会"，讨论微生物采油技术的发展，微生物采油技术将进一步受到全世界范围的关注。目前，胜利油田的微生物单井处理技术已进入工业化应用，截至 2018 年年底，胜利油田微生物驱油技术在 9 个区块开展现场试验，增油 $27.5×10^4$t；微生物单井处理 1805 井次，增油 $17×10^4$t，减少热洗 15500 井次，节省大量相应工作量成本投入。基于前期应用产生的良好效果，胜利油田将持续加大微生物驱油推广应用力度，计划每年推广区块 3~5 个，用 3~5 年达到年增油量 $20~30×10^4$t，形成规模效益；不断扩大生化水处理技术应用范围，新建改造项目在经济性相近条件下首选生化处理工艺，实现绿色环保开发；继续加大科技攻关力度，在"十四五"国家重大专项中设立微生物采油专项课题，提升微生物采油的配套推广力度。目前，胜利油田已编制微生物驱油五年规划，先期开展了胜利油区微生物驱油资源潜力评价，获得 231 个微生物驱油潜力单元，覆盖地质储量 $7.1×10^8$t，将在两个区块开展微生物驱油示范工程建设，预计提高采收率 7%以上。大港油田先后开展了外源和本源微生物驱油技术研究，并在 6 个不同类型的油藏进行了先导试验，形成了微生物驱油藏筛选、方案编制、菌种开发、施工工艺和监测评价等配套技术，2000 年与俄罗斯科学院微生物所合作，开展本源微生物驱油技术研究。吉林油田自 1996 年开始，与日本技术人员在微生物实验室进行室内实验。中国石油天然气股份有限公司、东北大学、关西新技术研究所等国内外科研院所合作，针对扶余油田系地开展了微生物采油技术的研究和现场试验。辽河油田开展了稠油井微生物多轮次吞吐采油技术研究和试验，2006~2007 年，实施了 25 口井微生物吞吐试验，累计增产原油 3927t。华北油田于 2011~2013 年的在宝力格区块投资 1 亿多元开展了整体微生物驱，现场应用效果结果令人鼓舞，油井见效率达到 85%以上，地层微生物数量普遍达到 $10^5~10^6$cells/mL，并且形成了稳定的微生物场，含水率明显降低，原油黏度平均降低 58%，投入产出比大于 1∶3.5。

近 30 年来，生物工程和信息技术的迅速发展促使 MEOR 研究和矿场试验取得了一系列成果，该技术也进入了快速发展和工业化阶段。为了进一步评价 MEOR 技术的可行性和应用效果，世界上的很多国家都进行了大量的现场试验，不同国家进行的实验次数及效果统计如图 1-1~图 1-3 所示。

从图 1-1 微生物驱现场试验在世界各国的分布来看，除了非洲国家在微生物驱现场试验方面开展很少外，在亚洲、欧洲、北美洲、南美洲及大洋洲都开展了大量的微生物驱现场试验，其中亚洲、欧洲及北美洲开展最多。从不同国家开展的实验次数来看(见图 1-2)，其中美国最多，达到了 14 次，其次依次是中国、俄罗斯及罗马尼亚等国家。从现场试验效果来看，微生物驱的成功率还是挺高的，在目前开展的所有实验中，有 90%左右的案例都取得

图 1-1　微生物驱现场试验在世界各国的分布

了良好的增油效果，增油幅度为 8%～350%；另外还有 10% 左右的现场试验效果不理想，当然具体原因很多，比如菌种适应性较差、地层温度太高及地层均质性太差等。

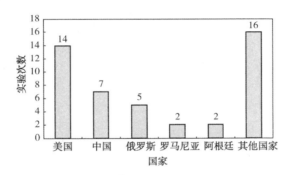

图 1-2　不同国家微生物驱现场试验数量统计

　　统计发现，截至目前，微生物采油现场应用技术主要包括微生物强化水驱、微生物循环驱、微生物选择性封堵等。这些不同技术在实际应用中所占的比例见图 1-3。其中微生物强化水驱是目前微生物采油技术中应用最多的一种，占总数的 33%；其次是微生物循环驱，占 27%；微生物选择性封堵占 18%；其他微生物采油技术主要指微生物单井吞吐、微生物清防蜡技术等，占 22%。

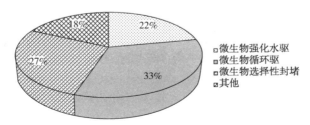

图 1-3　不同微生物采油技术在应用中所占比例

11

1.2 微生物提高原油采收率技术原理

微生物采油是将地面分离培养的微生物菌液注入油层，或单独注入营养液激活油层内微生物，使其在油层内生长繁殖，产生有利于提高采收率的代谢产物，以提高油田采收率的方法。微生物在一定条件下以石油烃或糖蜜等作碳源，降解石油或通过生物化学活动产生的代谢产物如酸、表面活性剂、低分子量溶剂、生物聚合物、气体等增加油层出油量，这就是微生物采油的基本原理。根据菌液来源的不同可分为外源微生物采油和内源微生物采油，见图1-4。前者主要利用从油层以外各类环境（土壤、污水、海洋）中分离筛选出的合适的细菌，将其注入地下，利用其繁殖效应和代谢产物增加原油产量；后者直接利用地层原有的内源微生物群落，通过添加特定营养物激活剂，直接激活地下的有益油藏内源菌微生物群落，如烃氧化菌、产甲烷菌等，利用本源菌的生长代谢活动来提高原油产量。微生物采油机理涉及很多复杂的生理、生化和物理过程，并且受很多复杂的因素影响。

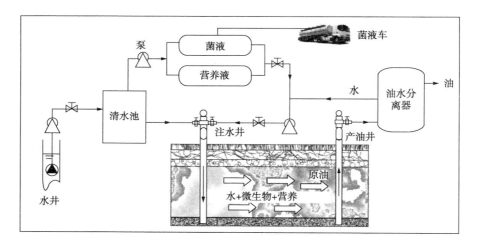

图1-4　微生物采油示意图

微生物提高原油采收率的机理大致可以分为两方面：一是微生物本身对油层的直接作用，二是微生物的代谢产物对油层的间接作用。

1.2.1 微生物对油层的直接作用

微生物对油层的直接作用指的是微生物在油藏生长繁殖过程中，通过细菌自身作用来达到提高原油采收率的目的，具体包括以下三类：

①微生物在岩石表面油膜下生长繁殖，占据了孔隙空间，使原油从岩石表面剥离而驱出原油；②微生物在油层内大量繁殖，产生的微生物菌体能够运移到油层内部，可以起到选择性封堵油藏大孔道的作用。③微生物降解原油，主要表现在可以降解长链饱和烃为中短链烃，使饱和烃平均分子链长变短，起到降低原油黏度，改善原油流动性的作用。

1.2.2 微生物对油层的间接作用

微生物代谢产物对油层的间接作用范围相当广，这取决于环境条件(温度、压力、盐度、pH 值、氧含量)、维持细胞代谢的营养物以及与石油相互作用的菌种等因素。微生物会生成各种发酵产物，如 CO_2、甲烷、氢气、表面活性剂、多糖、烃类以及各种非烃化合物(见表 1-1)。

表 1-1　微生物代谢产物的作用

代谢产物	作用机理
有机溶剂	①溶解原油中的蜡及胶质，降低其黏度； ②溶解和清除孔隙喉道中的长链烃，利于原油流动； ③降低表面张力和油水界面张力，促进原油的乳化； ④增大有效渗透性
生物表面活性剂	①降低油/岩石和油/水界面的表面张力； ②改善岩石润湿性； ③消除岩石孔壁油膜，提高油相流动能力； ④分散乳化原油，降低原油黏度
有机酸 (低分子酸、甲酸、 丙酸、丁酸)	①溶解孔隙喉道中的碳酸盐岩层，增大有效渗透率； ②产生 CO_2，降低原油黏度，并产生压力； ③分散黏土土矿物，降低渗透率

代谢产物	作用机理
气体 （CH_4、CO_2、N_2、H_2）	①增大油层压力； ②使原油膨胀； ③降低原油黏度，改善流度比； ④CO_2能溶解碳酸盐，而使渗透率增加
生物聚合物	①调整注水油层的吸水剖面，控制高渗地带的流度比，改善地层渗透率； ②对地层进行封堵，改善波及系数，提高驱油效率； ③降低水相渗透率，提高原油分流量
生物质（细胞）	①封堵大孔道，分流注入水； ②通过吸附对原油起到乳化作用； ③改善岩层表面的润湿性； ④降解原油，降低原油黏度及凝固点
生物酶	裂解重质烃类和石蜡组分，从而降低原油黏度改善原油在地层中的流动性能，同时可减少石蜡在井眼附近的沉积，降低地层原油的流动阻力

MEOR 方法是将整个油藏作为一个大的发酵罐，从井口注入的营养液和/或菌液在油藏中进行发酵，微生物在地层中进行生殖繁殖过程中，通过自身或代谢产物的作用来起到增油的作用。微生物采油的关键是在油藏内营造一个特定的环境，使注入的菌种或油藏内有益的本源细菌大量繁殖，产生有利于增油的代谢产物。这就涉及细菌的生长代谢和油藏环境条件，包括微生物、烃、水、岩石相互作用及温度、压力、矿化度等对微生物生长代谢的影响。

由于从注入井到生产井这段距离上，水中的含氧量、营养液浓度、温度、压力、微生物数量及种类都有很大差别，因此微生物在地层不同深度的代谢过程及机理也不一样。以激活内源微生物采油为例，微生物的发酵过程具体分以下两个阶段。

第一步：好氧发酵阶段，近井地带的需氧和兼性厌氧菌（主要为烃氧化菌）被激活，由于烃类的部分氧化，产生醇、脂肪酸、表面活性剂、CO_2、多糖和其他组分。这些代谢产物一方面能起到提高原油采收率的作用，同时也是厌氧微生物的营养源。

第二步：厌氧发酵阶段，产甲烷菌、硫酸盐还原菌等厌氧菌在缺氧环境下被激活，在生长繁殖过程中能够降解石油并产生 H_2、CH_4 和 CO_2 等气体，这些物质在溶于原油后不仅能够降低原油黏度以增加原油的流动性，同时增加地层压力，进而达到提高原油采收率的目的。该过程中，微生物产生的同位素氢甲烷与总甲烷的比例增加。在第一阶段中，如果井眼周围原油被冲洗较干净，还需适当注入碳源，比如葡萄糖、玉米浆或原油等。当油层中缺乏氧气以及氮源和磷源时，还需要注入空气和含氮、磷源的矿物质。在氮源不足的情况下，细菌繁殖缓慢，而且将碳源转化为胞上黏液而不是形成细胞质；如果磷源不足，细胞不能合成足够的三磷酸腺苷（ATP）来维持代谢功能。在这些情况下，细胞只能简单地增殖体积尺寸，而不能进行分裂。好氧发酵主要导致地层水中碳酸氢盐和乙酸盐含量的增加，而厌氧发酵主要使地层中甲烷含量增加。微生物在地下的发酵过程如图 1-5 所示。

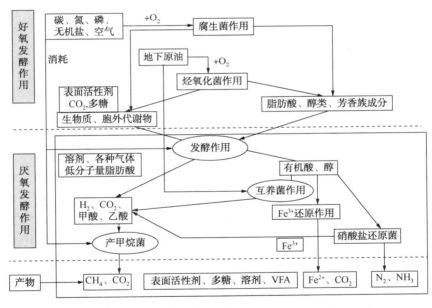

图 1-5　微生物在油藏中的繁殖及代谢过程

1.3　微生物采油技术分类

按照作业方式，注入微生物和营养物的不同，目前微生物采油现场应用技术主要分为微生物封堵/调剖、微生物单井吞吐和微生物强化水驱这三种方法，见表 1-2。

表 1-2   微生物采油技术分类

MEOR 技术	作用形式	技术优势	应用微生物的性能
微生物单井吞吐	将预先筛选和配制好的微生物菌液、营养液、顶替液从待处理的生产井井筒中注入井底附近的地层中，然后关井一段时间，再开井进行采油生产	利于近井地带增油、工艺简单、见效快、成功率高	产生表面活性剂、气体、酸和醇、降解烃类
微生物强化水驱	将预先筛选和配制好的微生物菌液及营养液从水井注入，从对应油井采出	作用范围广、持续时间长、投入产出比高	产生表面活性剂、气体、酸和醇、降解烃类
微生物调剖堵水	通过注入微生物或激活地层本源微生物，利用微生物生长繁殖及代谢过程中产生的气体、生物聚合物和无机盐沉淀形成生物膜的作用，调整注入井的吸水剖面，达到调剖堵水提高采收率的目的	可以实现深部调剖堵水，而且菌体自身及代谢产物均可生物降解	产生聚合物或微生物增值形成生物团
微生物清蜡防蜡	将筛选的微生物及营养液从油井井筒注入，利用细菌自身的新陈代谢活动以及新陈代谢后的产物来清防蜡	效果好、操作简单、安全可靠、效益高，能够克服原油集输过程井筒结蜡	降解长链烃、产生生物表面活性剂
微生物聚合物驱	将能产生生物聚合物的菌种或代谢产物从注水井注入油藏，利用生物聚合物的增稠、悬浮及乳化效果提高水驱效率	生物聚合物既具有很好的提黏、降失水和剪切稀释作用，同时来源广泛、无毒、可生物降解等	产生生物聚合物

微生物调剖技术是通过注入微生物或激活地层本源微生物，利用微生物生长繁殖及代谢过程中产生的气体、生物聚合物和无机盐沉淀形成生物膜的作用，调整注入井的吸水剖面，达到调剖堵水提高采收率的目的。微生物深部调剖比注入化学合成的聚合物或凝胶更简便有效，对后续水驱、油水分离和原油性质无影响，具有经济环保、有效期长及降水增油效果好的特点。但由于适合调剖用菌种比较单一，稳定性差以及环境影响因素太多的问题，该技术目前应用还不够广泛。

微生物单井吞吐技术具有低成本、低风险、高效益、易操作等先进特点，是目前现场应用最广泛的一种方式，然而由于该技术具有作用范围有限、见效时间短以及需要关井操作等缺点，现在逐渐发展了微生物强化水驱增油技术，即现场通过将筛选的菌种和/或营养液从注水井注入，驱油微生物在地层中不断生长繁殖并随注入水一起向前运移，有益菌及代谢产物在移动过程中可以持续与油藏作用，该方式最大的优点是注入的微生物及营养液能够在地层中充分与原油作用，有效期长，而且适合于大规模的现场应用，因此该方法为目前最有前景的微生物采油技术。

1.4 MEOR 技术体系分类

MEOR 技术主要分为两大技术体系、三项工艺技术，两大技术体系分别为本源微生物驱油技术体系和外源微生物驱油技术体系，三项工艺技术包括本源微生物启动技术、本源微生物驱油技术和外源微生物驱油技术。内源微生物启动技术是将优选的营养体系和氧气或空气一同由注水井井口注入地层，激活地层中的本源采油功能微生物菌群，从而达到提高采收率的目的；本源微生物驱油技术是将采油功能菌在地面进行分离和筛选，利用现代生物技术进行扩增，再注入地层，利用注入的本源微生物在目的层中建立优势菌种，同时代谢产生大量的活性物质，从而实现提高原油采收率的目的；外源微生物驱油技术主要是针对油层中本身微生物较少或没有合适的目的微生物菌群的情况，将在其他区域筛选得到的功能微生物在地面培养和驯化后，再注入地层的工艺技术。

（1）本源微生物启动工艺技术

地层中存在大量的采油功能微生物菌群是本源微生物启动工艺技术实施的一个最重要的前提条件，因此首先要对地层中固有的微生物菌群进行细致的甄别和分析，确定是否存在对采油有用的功能微生物菌群。采用油藏微生物菌群结构识别方法，确定地层中存在采油功能菌群后，为了保证采油功能菌群活动及代谢产物的活性，需要模拟油藏环境进行启动体系的模拟和优化，包括微生物繁殖和代谢活动所需的全部营养(碳、氮、磷、微量元素等)和气体(空气或氧气)，为微生物的繁殖和代谢提供良好的营养环境；参数优化主要集中在方案中的注入参数优化，包括注入量、注入速度、注入浓度、段塞组合方式等。这种工艺将油藏微生物作为一个统一的整体，对整个微生物菌群进行调控，提高有益菌活性及代谢产物水平的同时能够抑制有害菌群的繁殖，但是针对低渗透储层，需要考虑较细的孔隙结构特征，注入的营养液体系极易产生"色谱分离效应"，简单的营养成分的组合，很难实现长距离同步运移，对菌群的调控可能只是集中在注入井近井地带的好氧区，对于过渡区和厌氧区菌群的调控作用将比较小。

（2）本源微生物驱油工艺技术

在认识到本源微生物启动工艺技术存在的问题之后，仍然将油藏微生物作为一个整体，同时增加了采油功能菌的筛选，将营养体系、兼性厌氧采油功能菌一起注入地层，使注入的采油功能菌种能够持续建立和保持优势菌群，随注入水进入地层深部后，依然能够保持对注入营养组分的利用，对其他菌种起到竞争和抑制作用，这是当下微生物驱油技术发展的一种趋势。同时针对高含水油田的见水特征，辅以化学调剖堵水技术体系，降低微生物及其营养体系的渗流速度，保证微生物充足的作用时间，减缓或抑制营养组分在地层中的"色谱分离效应"，使营养体系各组分之间协同作用，始终与建立的优势微生物菌群保持一个整体推进的状态，使微生物得到更充足的营养成分，从而产生更高水平和活性的代谢产物，最终达到提高油田采收率的目的。

（3）外源微生物驱油工艺技术

外源微生物驱油工艺技术主要是针对措施油田目的储层中微生物种群数量极少或没有合适的采油功能菌群的情况。注入地层中的外源微生物一定要能够适应目标油层的环境条件，同时对油层中的极少量的本源微生物菌群能够形成竞争优势，从而使注入的外源微生物在目的层中快速适应、建立、保持优势，并在油层中岩石孔隙表面吸附滞留，适应地层环境，随注入水在地层中运移，代谢产生活性物质，提高注入水的活性，增加单井产能。

（4）微生物提高原油采收率矿场试验设计

油藏是由固、液、气三相构成，这三项是微生物的生长所必需的物质，微生物的代谢和繁殖活动取决于油藏的物理化学性质，另外，储层的岩性、构造、物性、孔隙结构、流体的组成及性质、温度和压力等地层条件参数，对微生物的生长和繁殖的影响也不容忽视。

温度、孔隙大小、孔隙结构、微生物菌种及营养体系的筛选、参数的优化、工艺方案的设计以及现场实施时，需要对油藏进行优化筛选。考虑到注入地下菌种必须能够繁殖和代谢产生活性物质，所以油藏筛选时，必须以微生物菌种在地层中实现高效繁殖和代谢水平作为最终的依据和判定标准。由于油藏之间的差异性，不同国家、不同区块、不同层位、同一层位的不同井组之间都存在差异性，因此也未形成统一的标准，目前常用的筛选标准主要来自美国、俄罗斯和欧洲。

为了确定一个油藏是否适合本源微生物驱油技术的应用，在现场试验之前，首先应对油藏本身的特征、高含水原因、开展措施情况、措施效果情况、生产情况、测试情况等数据进行充分的收集、了解以及深入的分析，主要判断油藏是否符合微生物驱油技术应用的油藏指标；其次是现场取样进行微生物菌群结构的分析，判定地层中是否有微生物，是否有采油功能微生物，优选高效驱油功能菌种，并进行性能评价，进而对注入参数进行优化；第三是将油藏微生物作为一个整体，进行营养成分的优选，实现对油藏微生物菌群的调控，对营养组分和浓度参数进行优化；第四是对工艺方案进行设计，对于油藏整体含水较高或单向突进严重的井，需要辅助一些化学调堵体系来封堵高渗透条带，延长微生物及其代谢产物在地层中的停留时间，增加波及体积，增强活性物质的浓度；第五是依据设计的工艺方案进行现场实施；第六是建立科学有效的微生物驱油效果评价技术体系，系统评价微生物驱油效果，并反馈至实验室，改进微生物驱油技术中存在的不足，完善微生物驱油技术体系。

空气是本源微生物启动体系中必要组成部分，尤其针对好氧功能菌，空气的加入将为内源微生物的启动提供更加广阔的空间。油藏近井地带的好氧微生物能够有效利用注入的空气产生有益代谢产物，但是空气的注入量需要优化控制，因为在油藏的远井地带一般为厌氧区，存在着大量的厌氧微生物，会造成启动效果下降，同时过量的空气中含有的氧气也会增加对设备的腐蚀和生产的不安全性，增加了施工的成本，可能会降低措施的投入产出比。所以，在微生物驱油技术试验方案设计时，需要综合考虑，做到一井一分析、一井一方案，从而制定出高效、合理、科学、有效的微生物驱油技术方案。

1.5 微生物采油技术研究手段

在微生物采油技术研究中，为了准确分析和客观评价微生物采油现场试验效果，需要了解在微生物采油过程中目的菌在地层中的生长繁殖情况，其在多孔介质中的扩散、运移状况，地层流体及地层本源菌对目标菌的影响等，一般可通过室内模拟试验和现场在微生物采油过程中对注入油层环境中的微生物进行动态监控来实现。

一般可以通过监测油井产出液中的微生物数量及菌群结构变化来了解微生物在地层中的生长繁殖情况，涉及的相关技术包括分子生物学技术、示踪剂技术、可视化技术、物理模拟及数值模拟技术。

1.5.1　分子生物技术

分子生物学技术的发展对微生物采油机理的研究产生了很大影响。PCR（Polymerase Chain Reaction）技术、DNA 芯片技术等是研究微生物群落新颖的分子生物学工具。

PCR 原理可简述为三个典型过程：一是模板 DNA 在高温下变性，双股 DNA 分子分开形成 2 个单股 DNA；二是降温使高浓度引物与模板互补产生退火；三是在 70℃左右酶的催化延伸，按照碱基 A-T、G-C 互补原则合成一股新的 DNA。由此反复进行多次，经 1 次循环扩增，DNA 片段增加 1 倍。一般 PCR 要进行 25～40 个周期，但只加 1 次聚合酶等试剂，在 PCR 仪上自动扩增，使 PCR 过程更加稳定和特异。而 DNA 芯片技术是一种高通量的核酸分析方法，已经成为研究海量序列信息的重要分析工具之一。它的原理是将目的 DNA 分子作为探针，按照一定的排列方式，同时固定到特定的介质上，研究人员称之为微点阵（Microarray）。这种技术使得众多基因的同时检测成为可能，从而可研究微生物基因表达谱、基因组等。

PCR 与 DNA 芯片技术相结合，可以对微生物采油菌种的油藏适应性、地下运移能力、增殖和增采能力进行准确可靠的认证，可以对油田地层中存在的微生物群落进行详细调查，并以此对具有微生物采油作用的细菌加以利用，对有害菌进行有效的防治。进而可研究微生物的驱油增产机理，为调整各项技术工艺、优化方案设计和把握试验进程提供可靠依据。

1.5.2　示踪剂技术

示踪剂技术用于注水油田的开发已有多年的历史，最初只是用来定性地了解地下流体运动状况。20 世纪 70 年代末，D. Yuen 和 M. Abbaszadeh 先后提出了用示踪剂资料解释油藏的非均质性，以指导油田的合理开发，目前主要用于研究水淹油层的剩余油饱和度，在微生物采油技术上也开始应用。1994 年，L. R. Borwn 等为了解微生物从 1 口注入井运移到生产井所需的时间，进行了示踪剂研究。他们用氚化水作示踪剂，验证了微生物对整个油藏或区块的作用，并使该油田产量递减延缓，延长了经济开采极限。2003 年，在阿根廷的 La Ventana 油田，用微生物技术优化注水的现场测试项目中，应用氚进行的互补示踪剂可以证明最初用流线模拟得出的井间连通性及分配因子。而微生物采油方法采油前后生产井的分相流动特性也与使用特有的二维、相整合流线模拟器得出的理论预测相关。这说明示踪剂和模拟对更好地了解微生物采油机理有很大帮助。

1.5.3　可视化技术

可视化方法是研究提高采收率机理的一种重要方法。国外用于研究微生物提高采收率机理的可视化方法有透明玻璃微观模型、计算机层析成像、核磁共振成像等。例如：用玻璃珠透明模型研究固体颗粒表面生物膜的形成及菌体对孔隙的堵塞方式，用核磁共振研究微生物对岩心的调剖效果等。可视化技术的特点在于一是具有可视性，可直接观察微生物驱油及各种提高采收率驱替剂驱油的过程，验证驱油机理；二是具有仿真性，可以模拟油藏天然岩心的孔隙结构特征，实现几何形态和驱替过程的仿真。

1996年，胜利油田微生物采油研究中心与石油大学合作，进行了微生物驱油微观模拟实验，除观察到微生物大量产气外，还观察到微生物作用后的残余油乳化现象、润湿反转和油膜在油气界面的滑移等。大庆油田进行微生物驱油微观模拟实验，观察到剩余油油滴在岩心模型中的运动，真实地反映微生物驱油的动态情况。水驱后的残余油以各种形状存在于多孔介质中，细菌注入到模型后，在恒温过程中，细菌吸附在油水接触的界面上并就地产生代谢产物，剥落油膜，对残余油进行了分解、乳化。进行二次水驱时，水驱的波及范围扩大，残余油以油滴的形式从大孔隙中拉出来，在随着注入水流动的过程中，遇到不动的残余油时，油滴并聚，形成油驱动油的现象。大港油田冯庆贤等利用微观仿真透明模型进行了微生物驱油机理研究。同时利用摄像机摄取驱替过程中流动状态画面，观察到原油发生不同程度的乳化现象，形成油珠大小不等的乳状液以及油珠在孔隙中被拉伸、变形、渗流等现象。

1.5.4　微生物采油模拟技术

（1）物理模拟

微生物采油物理模拟可分为"机理研究模型"和"按比例相化模型"两类。模拟油藏的物理模型是不按比例的、部分按比例的或完全按比例的。"机理研究模型"研究对于透彻理解一个过程的机理、预测油田的性能都起着极大的作用。"按比例相似模型"是基于相似原理设计出来的，在实验操作、模型设计、数据处理及油藏解释等的各阶段都离不开相似理论。按比例相似模型与油田原型之间在长度比、力比、速度比、湿差比、化及浓度差之比等方面都具有相同的数值。由于按比例模型的实验结果可直接应用于油田，因此很受欢迎，但是不可能达到完全按比例模拟，重要的是使研究的重要对象按比例模拟。

自 20 世纪 80 年代以来，Sperl penny L、程海鹰、雷光伦等通过室内物模实验对微生物在多孔介质中的生长、代谢及运移进行了系统的研究，研究内容涉及微生物、代谢产物和微生物营养基质等对油藏的作用及它们之间在油藏多孔介质中的相互作用。

程海鹰等的研究表明，细菌在大于 400mD 的岩样中滞留较少，多数菌体可以通过岩心孔隙和喉道，菌体的生长繁殖会导致不同程度的渗透率下降，实验确定了微生物在多孔介质中水力运移的渗透率范围在 350mD 以上，更低的渗透率会引起菌体对孔喉的封堵，导致渗透率严重下降。孔祥平、包木太等对模拟油藏环境下微生物的主要代谢产物进行了研究，结果表明代谢产物以短链酸、长链酸、醇类、生物气为主，实验同样验证了微生物生态系统中微生物的链式反应的分阶段激活理论。雷光伦等通过对微生物采油常用的长、中、短三种杆菌在岩样中的运移能力的研究，得出微生物在多孔介质中的渗流同化学剂一样，具有对流扩散特征。同时，对低渗岩样微生物的运移能力研究，表明微生物在通过孔喉时，具有动力定向性和柔性变形性，可顺利通过平均孔径略大于菌体宽度的低渗岩心。

（2）数值模拟

微生物采油技术方法独特，具有施工工序简单、效果显著和施工成本低的优点，在矿场应用过程中，通过激活有益菌能够使原油乳化，降低油水界面张力及原油黏度，提高驱油效率，同时还可抑制有害菌的生长。20 世纪 80 年代末，人们就在微生物采油机理研究的基础上开展了微生物采油数值模拟研究，对其作用机理进行了定量分析和描述。数值模拟具有费用低，可重复进行的优点，为确定微生物提高采收率现场实施方案和科学决策提供依据。因此，在油田开发过程中，通过开展数值模拟研究可以建立一套合理的开发方案，降低微生物采油现场实施的风险，确定科学合理的工作制度。

MEOR 数值模拟具有成本低，可重复进行等优点，已经成为确定微生物提高采收率现场实施方案的重要依据，为微生物采油提供科学决策的重要手段，可以有效地降低微生物采油现场实施的风险。同时，数值模拟与物理模拟在模拟过程中的相互补充，对实际矿场采油具有重要的指导意义。

MEOR 数值模拟主要研究在多孔介质中微生物的运移生长及微生物对采

油的影响。微生物驱油数学模型是建立在明确的驱油机理基础之上，除了有关石油地质、油层物理和渗流力学等的基本原理外，还应包括微生物在油层中的生命活动及因此而产生的生物化学反应等过程，通过数学模型来描述和预测微生物在油层中的运移规律和作用过程，建立微生物驱油的油田实施方案。

国外于80年代末和90年代初开始进行微生物采油的数值模研究。中外微生物驱油数学模型主要是在黑油和组分模型基础上不断发展而来的。一种是以黑油模型为基础，着重阐述了油、气、水、微生物、营养物及代谢产物在多孔介质中的运移，以及代谢产物对黏度、界面张力、渗透率、孔隙度等参数的影响，但未考虑地层水矿化度、产物吸附及消耗等特征对提高采收率的影响，模型相对简单；另一种是以组分模型为基础，除涉及油、气、水、微生物、营养物及代谢产物外，还涉及地层水中多种离子的吸附与消耗等作用。模型涉及的参数较多，对机理的阐述详尽，但求解较困难。调剖存在最佳适用范围，注入段塞尺寸和注入时机存在最佳值，微生物注入浓度和营养物注入浓度存在最佳组合，为微生物驱提高采收率矿场试验方案设计提供了参考。李坷建立的数学模型对微生物的生长动力学进行了详细阐述，使其更符合微生物增殖规律，并提出了微生物存在不可及孔隙体积的观点，虽然未给出具体求解方法，但该现象的存在及其对微生物在多孔介质中运移的影响值得进一步研究，同时模型还采用一种估计的方法阐述了各代谢产物及其协同作用对提高采收率的影响，较早实现了微生物驱油过程中菌体及其代谢产物协同作用的定量化描述。覃生高建立的数学模型与其他模型的主要区别是在该模型中乳化机理的阐述借鉴了化学驱数学模型，但模型并未涉及菌体本身对提高采收率的贡献。武春斌引入了"微生物因子"来反映微生物及其代谢产物的协同作用，与李坷对协同作用的阐述差异较大，前者主要体现在残余油饱和度及相对渗透率的变化上，后者主要体现在提高采收率幅度上，二者都没有对协同作用进行全面阐述。

（3）以组分模型为基础的数学模型

1990年Zhang等建立的数学模型考虑了微生物的生长、运移、营养物的消耗、产物形成及各组分的对流扩散，描述了微生物对岩石物性的影响。该模型建立在一种岩心模型的基础上，比Islam模型更进一步地描述了微生物在地层中的活动，细菌被分配在浮游相和固着底栖相中，详细阐述了微生物在多孔介质中的吸附与滞留，微生物生长方程涉及2种营养物的作用，但未考虑 2 种营养物的交互作用。朱维耀等建立的两相十二组分的数学模型考虑了微生物驱油过程中微生物、营养物、诱导物、阻遏物以及产物(生物表面活性剂、醇、酮、酸、气体)的作用与传输、质量的相互交换(即对流扩散、质量转换、液固间转换)以及流体性质改变，并对模型参数进行了敏感性分析，得出了细菌浓度在空间和时间分布上都出现了峰值的结论，着重分析了细菌衰减系数和趋化系数对细菌浓度分布的影响。

2002 年，Mojdeh Delshad 等提出的微生物提高采收率模型涉及生物表面活性剂、生物聚合物、气体对提高采收率的贡献，其中涉及的微生物生长动力学模型考虑的因素较全面，具有较好的借鉴价值，各个代谢产物提高采收率机理与其中涉及的化学驱机理相似，模型涉及参数较多。2005 年 Saikrishna Maudgalya 建立了两相十组分微生物驱油数学模型，主要研究了 JF-2 菌种提高采收率的数值模拟，在化学表面活性剂驱油数学模型的基础上，加入了微生物生长动力学模型，这是针对单一菌种建立起来的微生物驱油数学模型，尽管不能模拟多种类菌种提高采收率过程，但结合目前微生物提高采收率应用来看，主要还是以产生物表面活性剂菌种为主，是微生物提高采收率数学模型不可或缺的一部分，若能将其他代谢产物提高采收率的数学模型也加以完善并与该模型结合，对微生物提高采收率数值模拟发展具有很好的促进作用。

无论是在黑油模型还是组分模型基础上发展得到的模型，都涉及微生物、营养物和代谢产物的对流扩散、吸附与运移，同时多数模型都对微生物增产机理进行了阐述，但各模型间存在一定差别，适用于不同种类菌种及不同施工工艺。目前并未形成一个能够全面反映微生物驱油机理的数学模型，数学模型的完善需对微生物、营养物和代谢产物的运移规律进行准确阐述，同时反映出微生物提高采收率的主要作用机理。

1.6　我国微生物驱技术研究存在的问题与挑战

我国石油工作者通过数十年的室内外研究和试验，取得了良好的应用效果。大量室内研究及现场应用结果表明，微生物采油技术在我国不仅切实可行，而且具有广阔的应用前景。我国微生物采油技术虽取得一定进展，但仍存在以下几方面问题：

第一，我国微生物采油的应用总体上仍然处于初始阶段，尤其采油微生物菌种的研究和开发水平还有待于进一步提高。目前的菌种仍然较为单一，对提高原油采收率功能强的菌种较少。

第二，对微生物采油主要机理研究不够、认识不足。虽然对微生物采油的各项机理有了一定的认识，但各个因素对作用效果的影响程度尚需进行深入量化研究。如微生物驱油过程中，微生物不同的代谢产物对提高采收率的贡献程度；微生物在油藏中的生长繁殖以及营养物消耗缺乏量化描述。

第三，微生物采油技术与油藏工程结合不够紧密。虽然目前有了微生物驱油技术油藏筛选标准，但是还存在着在微生物驱实施时对油藏的研究不够深入，微生物驱油技术本身对油藏适应性研究力度不够等问题，而以物模手段开展的适应性研究不能完全解决这方面的问题，如油藏的动态变化、地层的非均质性等。

第四，微生物采油现场工艺优化难度大。微生物试验区块往往都处于开发后期阶段，而油田进入开发后期，地下情况变得非常复杂，使得地面模拟地下难度极大。同时在工艺优化过程中，有两大难题，一是微生物和激活剂在油藏中运移时，会被油藏多孔介质吸附，各种组分吸附量难以确定；二是在运移过程中微生物生长繁殖，微生物总量在变化，这种变化又受到油藏条件和营养浓度的影响，因此其变化量也难以确定，而目前没有成熟的数模，仅依靠物模结果进行现场工艺的确定，所以需要进一步提高微生物驱物模仿真程度。

第五，综合措施配套不足。目前，在进行三采技术现场试验时，相关配套措施比较齐备，并在现场实施前还要进行大量调整工作，以确保三采技术现场试验顺利进行。但微生物驱油技术现场实施过程中，还缺少这方面工作。对非均质性严重油藏缺乏相关配套措施，这也是目前试验过程中微生物不能充分发挥其效果的一个重要原因。

最后，对微生物采油技术的认识不足和重视程度不高。微生物采油技术发展时间短，人们对技术本身认识不足。为了快速缩短与国外先进技术的差距，在开展微生物采油技术的可行性研究方面操之过急，对油藏研究不够充分的情况下就进入现场，导致现场实施效果分析受到一定程度的影响，也影响了人们对这项技术的重视程度。

由于微生物采油技术的综合性、复杂性和多学科性，其研究工作必将出现微生物学家、石油工程专家、石油地质学家和有机地球化学专家的通力合作，协同攻关的良好局面，在微生物采油技术的研究过程中，将会出现下列发展趋势：

（1）微生物提高采收率机理的研究。结合室内物模实验及大量现场监测数据来研究微生物在地层中的生长繁殖、运移及代谢规律，深入了解不同地层条件下微生物提高原油采收率的机理。

（2）现代生物工程技术对菌种进行深入性研究。运用生物工程技术实现对微生物菌种的改造，培育出更高效、适应范围更广的优良微生物菌种，拓宽与完善微生物采油技术的筛选标准；建成具有初步规模的采油微生物菌种库，并进一步探索对微生物有害活性的抑制研究。

（3）微生物采油数值模拟软件的开发研究。认清并掌握注入微生物组分与盐水的复杂的相互作用，以及微生物在油藏介质中的运移规律，建立微生物作用机制的数学模型，开发微生物采油数值模拟软件，实现微生物采油方案设计及生产作业的科学化。

（4）微生物提高采收率评价指标体系及评价标准的制定。通过对 MEOR 评价体系及评价标准的研究，对今后微生物采油技术现场应用效果及经济效益做出科学的评价。

（5）微生物采油工艺技术及配套设备的研究。建立微生物采油矿场应用技术工艺参数设计体系及微生物采油技术作用有效期的方案调整、营养物补充周期确定与评价方法，并研制一套车装式微生物单井处理及规模化微生物驱注入系统。

（6）通过建立微生物场进行整体微生物驱。在目标油藏建立稳定的微生物场，通过对油井产出液的跟踪监测来维持微生物在油藏中的持续作用，从而实现目标区块的整体微生物驱。

第2章

宝力格油田开发现状及存在的问题

2.1 宝利格油田油藏特征

2.1.1 构造特征

宝力格油田南洼槽由北至南划分为巴Ⅰ、巴Ⅱ号两个正向构造带，其中，巴 48、巴 51 两个断块油藏位于巴Ⅰ号构造带，巴 19、巴 38 两个断块油藏位于巴Ⅱ号构造带。四个断块均属断背斜构造，内部发育多条平行于主断层的北东—南西向正断层，将油藏进一步分割为若干个断块，见图 2-1。

图 2-1　宝力格油田构造特征

2.1.2 储层岩石学特征

（1）巴 19 断块

据巴 9、巴 19、巴 21、巴 18 等井薄片资料分析，巴 19 井区阿四段 Ⅱ、Ⅲ 油组储集层岩性为岩屑长石细砂岩、粉砂岩、含砾砂岩、砂砾岩。陆源碎屑中，石英含量 25%～50%，平均 38%；长石含量 26%～40%，平均 28%；岩屑含量 25%～56%，平均 36%，岩屑中以凝灰岩为主，其次为沉积岩和变质岩；胶结物含量 6%～13%，平均 9%，以白云石及黏土杂基为主。颗粒风化度中，分选中～好，磨圆度次圆～次棱。胶结类型以孔隙式为主，部分为接触式。

巴 19 井区阿四段孔隙类型较丰富，主要有粒间孔、粒间溶孔；另外有少量缩小粒间溶孔、粒内溶孔、铸模孔等。面孔率一般为 1%～10%，平均 3.2%，孔径一般在 0.03～0.15mm，个别中、粗砂岩孔径可达 0.2mm，孔隙连通性较好。

（2）巴 38 断块

据巴 42、巴 38、巴 46 等井薄片资料分析，巴 38 井区阿四段 Ⅱ、Ⅲ 油组储集层岩性为岩屑长石细砂岩、粉砂岩、含砾砂岩、砂砾岩。陆源碎屑中，石英含量 42%～50%，平均 45%；长石含量 38%～50%，平均 46.7%；岩屑含量较少，岩屑中以凝灰岩为主，其次为沉积岩和变质岩；胶结物含量 0～39%，平均 12%，以白云石及黏土杂基为主。颗粒风化度中，分选中～好，磨圆度次圆～次棱。胶结类型以孔隙式为主，部分为接触式。孔隙类型较丰富，主要有粒间孔、粒间溶孔；另外有少量缩小粒间溶孔、粒内溶孔、铸模孔等。

（3）巴 48 断块

据巴 48 井岩心及薄片资料分析，巴 48 区块阿四段 Ⅲ$_1$ 砂组岩性为岩屑细砂岩和含砾砂岩。陆源碎屑中，石英含量 28%～45%，平均 42%；长石含量 46%～50%，平均 44%；岩屑含量 5%～24%，平均 14%，岩屑中以凝灰岩为主，其次为变质岩。胶结物含量 8%～14%，平均 11%，成分以杂基黏土为主，其次为白云石。颗粒风化度中，分选中，磨圆度次圆～次棱。胶结类型以孔隙式为主。孔隙类型较丰富，主要有粒间孔、粒间溶孔；另外有少量粒内溶孔等。据巴 48-24 井岩心资料，k_1ba^4 Ⅲ$_2$ 油组储层岩性为安山质角砾岩，砾径 3～10cm，分选差，棱角状，砾石间充填砂岩、含砾砂岩等。薄片分析，砾石为斑状砾结构，斑晶成分为板状斜长石，基质为斜长石微晶组成，呈平行-半

29

平行排列，具白云石化，孔隙分布于斜长石斑晶中，孔缝率3%，见构造缝，宽10~250μm，被硅质白云石、黄铁矿全充填。据巴48-24井岩心资料，k_1 ba^3 Ⅱ油组储层岩性为砾岩，砾径1~8cm，分选差，棱角状，砾石间充填砂岩、含砾砂岩等。薄片分析，砾石为斑状结构，基质为交织结构，角砾成分由安山岩组成，安山岩具气孔构造、斑状结构、交织结构，气孔有充填、半充填和全充填，充填为白云石、泥质和硅质，斑晶为板状斜长石，且见晶内溶孔，基质部分由斜长石微晶组成，见白云石化及黄铁矿化，角砾间充填晶粒白云石及黄铁矿，孔缝率4%。

2.1.3　孔隙结构特征

巴19断块，根据4口井33块样品压汞资料分析，Ⅰ油组储层岩性较细，以泥质粉砂岩为主，渗透率小于10×10^{-3} μm²，排驱压力大，为0.24~0.57MPa，平均0.50MPa；喉道分选系数低，为1.06~1.40，平均1.30；平均喉道半径小，为0.47~4.88，平均3.2。Ⅱ油组储层岩性较粗，以细砂岩和含砾砂岩为主，渗透率多大于50×10^{-3} μm²，排驱压力较小，为0.05~0.27MPa，平均0.13MPa；喉道分选系数较高，为1.99~2.88，平均2.39；平均喉道半径较大，为1.49~10.61，平均5.02。Ⅲ油组储层岩性粗，以砂砾岩为主，渗透率$10~237 \times 10^{-3}$ μm²，排驱压力0.04~0.13MPa，平均0.08MPa；喉道分选系数2.22~2.71，平均2.44；平均喉道半径2.37~7.95，平均5.28。

巴38断块，据巴38、巴38-2、巴42等井压汞资料统计，主水道和分支水道微相压汞曲线属偏粗歪度，中孔渗中喉型，曲线出现明显水平段，排驱压力较小，平均为0.09~0.1MPa，退汞曲线近似平行，均质系数平均0.29~0.31，孔隙分布图上峰位明显靠近半径大的一方，喉直径均值一般为5.66~6.77μm，分选系数平均19.69~25.78μm；席状砂微相和水道间微相压汞曲线形态多呈细歪度，属低孔渗细喉型，无平直段，排驱压力增大，平均0.14~0.15MPa，注入汞饱和度大大降低，退出效率多小于20%，均质系数平均0.16~0.18，孔隙峰值靠近半径小的一方，峰位0.1~1.0μm，喉直径均值一般为1.62~1.78μm，分选系数平均5.11~5.63μm。

巴48断块Ⅲ₂油组储层岩以安山角砾岩为主，裂缝发育，取出的岩心破碎，据48-24井仅有的一块完整岩心作全直径物性分析和压汞实验，垂直渗透率9.74×10^{-3} μm²，压汞数据反映，排驱压力0.45MPa，喉道分选系数2.08，平均喉道半径0.47。

2.1.4 储层物性特征

（1）巴 19 断块

据巴 9、巴 19、巴 21、巴 18 等井岩石物性资料分析，孔隙度 12.2% ~ 22.4%，平均 18.5%，渗透率（3.16 ~ 1301）$\times 10^{-3}$ μm^2，平均 145.2$\times 10^{-3}$ μm^2，属中孔中渗透储层。据巴 21 井岩石物性资料分析，孔隙度 14.4% ~ 23.4%，平均 17.3%，渗透率（3.22 ~ 507）$\times 10^{-3}$ μm^2，平均 123.4$\times 10^{-3}$ μm^2，属中孔中渗透储层。

（2）巴 38 断块

根据巴 38、巴 42 井岩石物性资料分析，孔隙度 15.4% ~ 26.4%，平均 22.0%，渗透率（0.6 ~ 31.3）$\times 10^{-3}$ μm^2，平均 7.3$\times 10^{-3}$ μm^2，属中孔低渗透储层。根据巴 38、巴 38 - 2、巴 42 井岩石物性资料分析，孔隙度 13.8% ~ 24.9%，平均 17.8%，渗透率（3.16 ~ 647）$\times 10^{-3}$ μm^2，平均 86.3$\times 10^{-3}$ μm^2，属中孔中渗透储层。根据巴 38 - 4 井岩石物性资料分析，孔隙度 18.1% ~ 24.7%，平均 21.7%，渗透率（68.9 ~ 1840）$\times 10^{-3}$ μm^2，平均 335$\times 10^{-3}$ μm^2，属中孔中高渗透储层。

（3）巴 48 断块

据巴 48 井岩石物性资料分析，III_1 油组孔隙度 13.2% ~ 25.3%，平均 21.5%，渗透率（0.6 ~ 814）$\times 10^{-3}$ μm^2，平均 169.2$\times 10^{-3}$ μm^2，但地层测试有效渗透率只有 34.81$\times 10^{-3}$ μm^2，总体属中孔低渗透储层。由于巴 48 断块 III_2 油组岩石物性分析资料较少，仅 2 个样品分析孔隙度均为 16.4%，渗透率（1.07 ~ 3.0）$\times 10^{-3}$ μm^2；根据测井资料计算平均孔隙度为 12.7%。巴 48 井地层测试有效渗透率 20.67$\times 10^{-3}$ μm^2，巴 48 - 1 井试油日产油 64.6t/d，地层测试有效渗透率达到 2613.7$\times 10^{-3}$ μm^2，巴 48 - 3 井地层测试有效渗透率为 159.8$\times 10^{-3}$ μm^2，物性变化大，总体属中低孔中渗透储层。该油组无岩石物性分析资料，根据测井资料计算孔隙度 11.8% ~ 15.2%，平均 13.4%，渗透率（13.48 ~ 60.9）$\times 10^{-3}$ μm^2，平均 34.6$\times 10^{-3}$ μm^2，属中孔低渗透储层。

储层物性与碎屑物粒级呈正相关，粒级越高，物性越好，总体特征是：砂砾岩、细砂岩储层一般为中孔 ~ 中渗型储层，粉砂级别储层一般为中、低孔 ~ 低、微渗型储层。储集物性也受胶结物含量的影响。由于本区胶结物中主要以白云质为主，其含量越多储集物性越差。此外储层物性平面上受沉积岩相影响明显，位于分支水道微相储集性能较好，位于水道间微相储层物性较差。

（4）油层分布

宝力格油层分布见图2-2，纵向上，发育Ⅰ、Ⅱ、Ⅲ三套油组。平面上，Ⅱ油组储层发育，分布范围广，是油田的主力油组；Ⅲ油组次之，Ⅰ油组分布范围小。

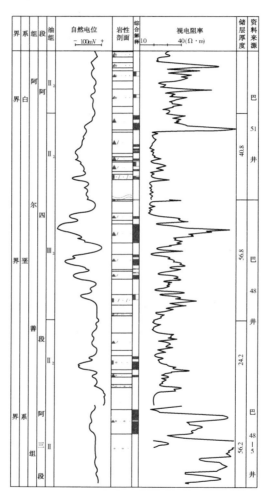

图 2-2 宝力格油层分布

从分断块看：Ⅱ油组在巴 19、巴 51、巴 38 断块均有发育；Ⅲ油组在巴 48、巴 38 断块分布较为稳定；Ⅰ油组仅在巴 19 零星分布。

（5）油层物性

岩性以细砂岩、含砾砂岩为主；物性以中孔中渗为主，渗透率平均在（34.8~145）×10^{-3} μm²之间。整个油田油层物性自南向北变差，自上而下变好。主力油层非均质性严重，见表2-1。

表2-1　宝力格油田油层物性

断块		孔隙度/%	渗透率/（×10^{-3} μm²）	储层类型
巴19断块	I 油组	—	<10	低渗透
	II 油组	18.5	145.2	中孔中渗透
巴38断块	II₂油组	17.8	86.3	中孔中渗透
	III油组	21.7	335	中孔中高渗透
巴48断块	III₁油组	21.5	34.81	中孔低渗透
	III₂油组	12.7	1.26~1091	中低孔中渗透
巴51断块	II₂油组	13.8	7.2	中低孔低渗透

（6）油藏特征

宝力格油田原油性质总体较差，原油物性见表2-2。其黏度在平面上由南向北变差，变化范围在13.8~432MPa·s之间，地下油水黏度比大，为34~800。其中巴19、巴38断块为稀油油藏，巴48、巴51断块为普通稠油油藏。地层水型为NaHCO₃型，矿化度在5745~7813.5mg/L之间。

表2-2　宝力格油田原油物性

断块	地面原油性质						矿化度/（mg/L）	水型
	密度/（g/cm³）	黏度/（mPa·s）	油水黏度比	含蜡/%	含胶沥/%	凝固点/℃		
巴19	0.8325	13.8	34	16.9	27.8	29.1	6199.2	NaHCO₃
巴38	0.8515	37.2	93	15.6	31.9	30.5	5745	NaHCO₃
巴48	0.8659	110.2	275	14.2	37.9	28.4	6300	NaHCO₃
巴51	0.8742	1108.1	800	16.6	48.4	29	7813.5	NaHCO₃

表2-3为宝力格油田不同断块地层压力及温度统计，从表中可以看出，不同断块的地层温度和压力有较大差异，温度在38~58.4℃，地层压力在

9.93~14.1MPa，但均在正常范围之内。原油黏度与温度有很大关系，地层温度越低，原油黏度越高。由于巴51断块的油层深度较浅，温度梯度较低，油层温度仅有38℃，再加上该断块属于稠油油藏，导致原油黏度很高，平均达到1000mPa·s以上，使得传统的注水方式很难将原油从地层中驱替出来，这也是宝力格油田在开发过程中存在的主要矛盾之一。

表2-3　地层压力及温度统计表

断块	油层中深/m	地层压力/MPa	压力系数	地层温度/℃	地温梯度/(℃/100m)
巴19	1500	13.7	0.92	58.4	3.89
巴38	1500	14.1	0.98	57	3.8
巴48	1200	12.3	1	54	4.5
巴51	1100	9.93	1	38	3.45

2.2　油田开发现状

2.2.1　油田开发历程

宝力格油田综合开采曲线见图2-3，该油田于2001年6月开始建产，至2006年10月建产25.32×10⁴t，并通过早期分注、调水调液，实现了油田上产。但随着油田开发时间的增加，产出液含水也逐渐上升，至2006年10月以后油田进入中含水期，含水率达到50%以上。通过综合调整，实现油田产量基本稳定。

2.2.2　油田开发现状

截止到2010年4月，共有油水井273口，其中，油井182口，开井169口，日产液2544t，日产油694t，含水72.7%，采油速度0.72%，累计采油175.4×10⁴t，地质储量采出程度5.0%；注水井91口，开井78口，日注水2863m³，月注采比1.06，累计注水455.7×10⁴m³，累计注采比1.09，累计地下亏空-34.85×10⁴m³。不同断块具体开发情况见表2-4。

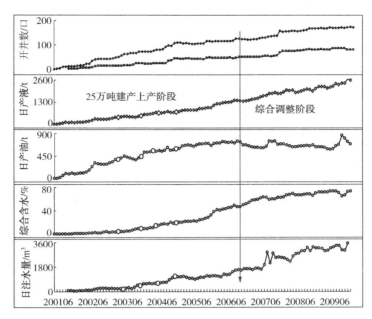

图 2-3 宝力格油田综合开采曲线

表 2-4 宝力格油田不同断块具体开发情况

	断块	巴 19	巴 38	巴 48	巴 51
采油井	总井数/口	80	32	18	52
	开井/口	76	30	12	50
	日产液/t	1532	454	177	398
	日产油/t	493	121	12	101
	比例/%	67.8	16.6	1.7	13.9
	累产油/(10^4t)	111.03	35.46	11.56	12.95
	采油速度/%	1.3	0.9	0.14	0.21
	采出程度/%	8.85	8	4.23	0.84
	综合含水/%	67.8	73.3	93.1	74.6
注水井	总井数/口	37	20	10	24
	开井数/口	33	17	9	23
	日注水/m^3	1673	572	213	656
	累积注水/($10^4 m^3$)	260.83	79.38	39.03	58.3
	注采比	1.04	0.97	1.22	1.95

35

2.2.3　油田开发特征分析

宝力格油田自开发以来，其开发特征主要表现在：

① 主力油层动用及水驱控制程度都较高，其中油田主力油层动用程度在60.3%～96.7%之间，水驱控制程度85.8%～100%；

② 油井见效普遍，以单向受效为主，油井见效率86.8%，其中单向受效井占66.2%，双向及多向见效井占33.8%；

③ 见效后含水上升速度较快，油井平均121天见效，见效后含水快速上升，导致产量递减。以巴19井组为例，见图2-4，随着油田的不断开发，产出液含水率持续上升，月含水上升速度为1.8%，相应采收率逐年降低，平均月递减达到3.9%。

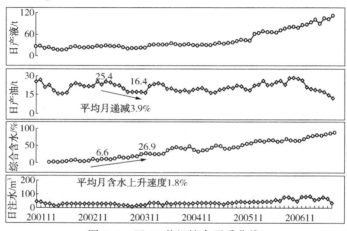

图 2-4　巴 19 井组综合开采曲线

2.3　油田开发存在的主要问题

（1）油田稳产难度大

宝力格油田存在的开发矛盾见表2-5。

表 2-5　宝力格油田开发过程中存在的主要矛盾

断块	突进系数	渗透率级差	变异系数	油水黏度比	含水上升率	波及系数	自然递减
巴 19	4.24	441.2	1.38	34	11.5	0.41	15.7
巴 38	5.28	141.33	1.25	93	15.3	0.22	29.1
巴 48	—	—	—	275	36.6	0.12	45.5
巴 51	8.3	778.4	1.39	800	82.6	0.04	72.4

从表中可以看出，引起油田稳产难度大的原因有以下几个方面：

① 由于储层非均质严重，渗透率差异很大，渗透率级差最大达到778.4。地层中这种严重的非均质性大致注入水主要流经高渗层，而低渗层残余原油很难波及，而且长时间的注水开发往往在地层形成优势通道，最终形成无效水驱。

②油水黏度比高，造成含水快速上升，从而造成产量递减速度快。以巴51为例，巴51为稠油油藏，原油黏度高，油水黏度比达到800，注水波及系数仅为0.04。含水上升率达到82.6%，自然递减达到72.4%。因此，减小油水黏度比，或增加注水波及系数是解决油田稳产的主要方向，比如结合聚合物调剖和表面活性剂驱等。

③ 油藏进入高含水开发后期，油井高含水，后期产建油井投产后含水较高。单井累计注水量高，水驱大孔道已经形成。目前油藏整体采用"整体温和，局部强化"注水技术政策，油井含水上升趋势得以明显遏制。油井提液空间小，降低油井含水对高含水开发增油效果最明显。根据目前的开发特征，对该区油水井实施双向治理，降低油井含水，提高单井产量。油井方面，措施优选控水稳油的暂堵酸化措施。措施后含水基本保持稳定。水井方面，对水井实施微生物调驱堵水，提高注水井波及系数，降低油水界面张力，提高注水效率，从而达到降低油井含水的目的。

宝力格油田在开发过程中，由于上述矛盾的存在，导致虽然储层动用程度高，达到60.3%～96.7%，但实际的水驱动用程度相对较低，仅为39.5%～77.3%。由此可见，依靠补孔等简单措施稳产余地较小，要提高水驱动用程度，则需采取更有效的技术措施。

（2）井筒状况恶化，修井作业频率增加

油田开发时间长，历年反复措施等原因，造成该区井筒状况日益恶化，油井结垢腐蚀严重，增加修井作业频率。目前全区已加大实施单井加药工作。但油井处于高含水开发阶段，修井作业后含水恢复较慢。平均含水恢复时间为4～7天。含水较高油井恢复则更缓慢。

（3）常规措施油井含水易上升

宝力格油田经过多年措施经验，常规措施提液效果较好，但含水上升较多，措施增油效果不佳。实施暂堵酸化能一定程度的保持措施后含水不上升，但不能有效降低油井含水。

（4）油田开发技术难度大，缺乏可供借鉴的成熟技术

针对宝力格油田目前开发过程中存在的上述问题，有必要开展新工艺以解决该类型油藏开发矛盾，提高开发效率，然而宝力格油田为常规注水井网

开发的低温、高黏稠油复杂断块油藏，常规油田开发技术适应性较差，缺少成熟、可供借鉴的配套技术措施。

2.4 技术对策

　　针对宝力格油田目前开发过程中存在的原油物性差及地层非均质性严重的问题可以采用聚合物调剖-微生物组合驱技术，以及通过微生物技术降低原油黏度，同时采用聚合物调剖技术封堵地层中的高渗或裂缝地层，增加微生物在油层中的波及体积及停留时间，从而最大限度地发挥微生物提高采收率作用，技术思路见图2-5。

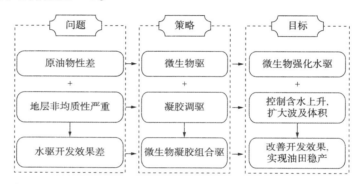

图2-5　宝力格油田目前在开发过程中存在的主要问题及技术对策

　　首先，通过筛选优化菌液配方，然后将目标菌种及营养液一同从注水井注入，使微生物在地层中生长繁殖并与水一起向前移动，通过微生物自身及其代谢产物的作用降低原油黏度并增加原油流动性，从而起到有效提高原油采收率的作用。然而，由于宝力格油田存在地层非均质性严重的问题，再加上经过长时间的开发后，在地层中容易形成一些高渗通道，这些裂缝及高渗地层不仅含油较少，而且还会使注入的菌液、营养液及产生的代谢产物顺着高渗带突进，波及范围非常有限，而低渗带的残余油很难作用到，最终降低了微生物驱油的效果，这也是目前严重制约微生物驱油现场应用效果的瓶颈问题。

　　因此，通过向地层中注入高浓度的聚合物来实现对大通道/高渗透层的封堵作用，改变水流方向/吸水剖面，从而增大微生物在油藏中的滞留时间波及体积是降低微生物在油藏中的无效循环，增加其在地层中的波及体积是进一步提高微生物作用效果的根本途径，即通过聚合物调剖辅助微生物驱油技术来实现宝力格油田的控水增油。

第3章

微生物菌种筛选及评价

菌种是微生物驱油的关键，是地下发酵的主题。而菌种只有能够适宜在油藏特定的恶劣地质条件，才能在油层内大量生长繁殖并产生对提高采收率的代谢产物。因此，菌种的筛选优化是微生物采油成败的关键因素之一。

MEOR 采用的微生物按来源可以分为两类：第一类是天然细菌，即从自然界广泛存在的自然细菌中分离筛选得到，经过复壮培养后用于石油开采，来源包括油田污水、采出油泥沙、地下岩芯、长期被原油污染的土壤以及浅海油井附近的水和土壤等，主要是利用它们某些方面的特性，如嗜盐性、耐温性等。内源微生物驱油直接应用地层中的细菌，菌种类复杂，属于一种独立的选择方式。第二类是利用生物基因工程和遗传学工程合成驱油用的高效菌，可以通过紫外线照射、全 DNA 转化、添加生长因子、反复驯化等手段以提高天然细菌在某一方面的特性，如耐高温、耐盐性、富产表面活性剂、富产气体等，从而培养出新的高效采油菌，由于生物工程均存在技术难度大，成本高及稳定性较差等原因，目前还未能得到应用。

自然界中的各种微生物是混杂地生活在一起的，要寻找驱油目的菌并研究其性能，首先必须使微生物处于纯培养状态。即培养某一种或某一株微生物，使培养中的所有细胞具有共同特性。然后再依次检测并对比各菌株之间的生理活性差别，优选出益于微生物驱油的菌种。另一种方法是根据试验区块地质状况要求，从现有菌种保藏机构中寻找菌种，直接进行筛选评价。直接筛选法省时并提高了研究工作的效率，是菌种筛选工作中可取的捷径。也可采用先进技术方法，在菌种筛选工作的基础上对新菌种进行改良，或利用基因遗传技术将不同菌种的优点组合起来，合成具有优良性能的生物新产品。

菌种筛选主要向两方面发展，一是提高菌种耐温性，以适合更广的油藏范围；二是提供部分无机营养物，希望以原油为碳源，降低注入营养成本。用于 MEOR 的微生物可以是好氧菌、厌氧菌，也可以是兼性厌氧菌。在MEOR 实施过程中，可以单独使用某一菌种，但为了更好地发挥不同微生物的协同作用，也可以采用配伍性较好的混合菌种。

3.1　菌种筛选的原则与要求

在利用微生物提高原油采收率技术中，高效菌种的研发及优选是现场应用效果优劣的关键，好的菌种不但要能够适应油藏环境，在地层中能够有效利用原油或/和注入的营养进行快速生长繁殖，而且还要求能够在地层中有效降解原油，同时在生长繁殖过程中产生有益代谢产物以达到降低原油黏度、剥离岩石表面原油以及增加原油流动性的作用。另外，注入的菌种在地层中需要能够随注入的流体一起向前移动，到达地层深处，增加微生物在地层中与原油的作用范围。针对宝力格油藏环境及原有物性，在菌种筛选时应遵循以下原则和要求：

（1）必须能够适应油藏环境，能够在油层高温、高压、高盐等极端环境下生长繁殖，且生长速度比油层中本来存在的微生物生长速度快。地层温度和矿化度是影响微生物生长繁殖的主要因素，宝力格油田地层温度整体不高，在38~50℃，其中巴51温度最低，为38℃，因此在菌种筛选时要保证菌种能够在相应的温度下很好地生长繁殖。

（2）能在地层无氧或有限氧的条件下生长繁殖。油藏深处是一个厌氧环境，在微生物驱油过程中，从井口注入的微生物随注水向前移动的过程中要经历好氧、限氧及无氧过程，如果注入的目标菌是单纯的好氧菌，则其在油藏中就不能够很好地生长繁殖，自然也就起不到提高采收率的作用。因此，在筛选菌种时最好选择能够在地层无氧或有限氧的条件下生长繁殖的兼性厌氧菌。

（3）从经济角度讲，所选菌种最好能以油层中的烃类为碳源，以无机盐作为氮源或微量元素。在微生物驱油过程中，为了加快微生物的生长繁殖及代谢有益产物，在注入过程中会一同注入一定浓度的营养液，其中包括碳源，如葡萄糖、糖蜜或玉米粉等，以及有机氮源，如蛋白胨及酵母膏等，但这些碳源及氮源在油藏中很快被消耗，而且成本较高，因此，在菌种筛选过程中针对性筛选出能够以油层中的烃类为碳源，以无机盐作为氮源或微量元素的驱油菌种，不仅可以在油藏中得到持续的碳源以维持生长繁殖，而且还可以大大减少驱油成本。

（4）能够降解石蜡或者大分子烷烃及其他有机物质。原油中的石蜡及大分子烷烃是引起原油黏度增加的根本原因，宝力格油田属于中低温稠油油藏，这些组分导致原油黏度较高，尤其是巴51断块，原油黏度达到1000mPa·s以上，常规的水驱方法很难将原油从油藏驱替出来。因此，在菌种筛选时可以针对性分离出具有选择性或优先降解长链烃功能的驱油菌种。

（5）在油藏环境下能够代谢大量有益代谢产物，如产生气体(氢气、二氧化碳、甲烷等)、生物表面活性剂、有机溶剂(甲醇、乙醇、丙醇、丙酮等)以及有机酸(甲酸、乙酸、丙酸、乳酸等)。微生物驱油机理除了微生物自身对原油的作用外，代谢产物在提高原油采收率方面发挥了主要作用，微生物代谢的生物表面活性剂、有机酸和生物气等可以有效降低油水界面张力和降低原油黏度的功能。

（6）采油微生物必须与其注入的油藏环境相配伍。微生物与油藏的配伍性指的是注入的目标菌种能够适应油藏环境，包括地层温度，压力及矿化度等，这样才能保证注入的微生物在油层中可以很好地生长繁殖，并起到提高采收率的作用。

（7）从安全角度讲，所选菌种应是自然界的非致病菌，对动物和植物都不产生毒害作用。

（8）初步挑选的菌种能否用于现场试验，要通过室内模拟实验测定，以确定提高采收率的效果。

3.2　采油微生物

自然界微生物种类繁多，但适合于微生物采油的菌种主要包括油藏内源微生物和适于油藏环境的外源微生物。

（1）内源微生物

内源微生物是指存在于油藏中较为稳定的微生物群落，多数是在油田注水开发过程中由地表带入且已适应地层环境保存下来的微生物，也有细菌是在油藏形成过程中就已经存在。由于地层缺乏微生物生长所需的营养物质，绝大多数处于休眠状态。研究表明，油藏中的优势菌群主要包括烃降解菌、发酵菌、硫酸盐还原菌和产甲烷菌，其次还包括铁细菌、硫细菌、反硝化细菌、产乙酸盐菌等。

（2）外源微生物

外源微生物又称异源微生物，也就是在外界培养，经筛选后注入油田的微生物。菌种筛选是外源微生物采油技术的关键。筛选出的微生物要求不变异退化，适应地层的环境，且无环境污染问题。

除了从自然界中广泛筛选采油微生物外，还可以通过生物工程、遗传工程和基因工程来构建基因工程菌。将具有不同功能的微生物基因构建到一个易生长繁殖的生物载体上，得到采油用的超级菌。这种菌具有耐高温、耐盐的特性，还可以降解原油中的饱和烃、芳烃和胶质沥青质，代谢产物可以是生物表面活性剂、气体、酸等。世界各国矿场常用的采油微生物体系见表3-1。

表 3-1　已经应用于矿场的采油微生物体系

微生物体系	作业方式	应用国家
芽孢杆菌（Bacillus） 棱状芽孢杆菌（Clostridium） 假单胞杆菌（Pseudomonas） 烃降解细菌（Hydrocarbon degrading bacteria） 海洋细菌（Marine source bacteria） 地层原生菌（Indigenous stratal microflora） 产黏液细菌（Slime forming bacteria） 超微细菌（Ultramicrobacteria）	周期性处理 清蜡 选择性封堵 井筒处理 微生物驱 激活原生菌	美国
棱状芽孢杆菌（Clostridium） 注水引入原生菌（Indigenous microflora of water injection） 活性淤泥菌（Activated sludge bacteria） 工业废水菌（Microbiota industial wastes）	选择性封堵 微生物驱 激活原生菌 注营养物驱	俄罗斯
芽孢杆菌（Bacillus） 假单胞杆菌（Pseudomonas） 拟杆菌（Bacteroides） 黄单胞菌（Xanthomonas） 短杆菌（Brevibacterium） 黏性菌（Viscogernes） 产黏液细菌（Slime forming bacteria） 产聚合物菌（Biopolymer producing bacteria）	周期性处理 清蜡 选择性封堵 井筒处理 微生物驱	中国
产酸厌氧菌（Anaerobic strain of acids） 特殊饥饿菌（Special starved bacteria）	微生物注水压裂 激活原生菌	英国
超微细菌（Ultramicrobacteria）		澳大利亚
注水引入的原生原油氧化菌（Indigenous oil-oxdizing bacteria from water injection）	周期性处理 激活原生菌	保加利亚
明串珠菌（Leuconcostoc）	选择性封堵	加拿大
烃氧化菌/假单胞杆菌为主的混合菌（Pseudomonas） 硫酸盐为主的还原菌（SulpHate reducing）	周期性处理 激活原生菌 微生物驱	前捷克斯洛伐克

43

3.3 高效驱油菌种筛选

MEOR 菌种既可以是好氧菌，也可以是厌氧菌。由于油藏处于缺氧状态，而在油藏处理过程中不能保持绝对无氧状态，故所选用菌种最好为兼性厌氧菌。兼性厌氧菌的优势还在于可以在好氧条件下培养，以缩短培养时间。好氧代谢比厌氧代谢快，先进行好氧培养，后进行厌氧培养，可以加快筛选速度。另外，混合菌种往往具有协同作用，其驱油效果优于单株菌，当然，混合菌种的复配需通过模拟实验确定。高效驱油菌种筛选流程见图 3-1。

图 3-1　微生物高效驱油菌种筛选流程

3.3.1 取样

为了能够获得适合目标油藏环境的高效驱油菌种，需要先调查了解实验区块欲筛选的菌种的生态分布状况，然后进行现场取样，样品包括油样、土样、水样或提供的试验菌种。

3.3.2 富集培养基的优化及制备

（1）富集培养基的筛选

没有一种培养基或一种培养条件能够满足自然界中一切生物生长的要求，在一定程度上所有的培养基都是选择性的。在一种培养基上接种多种微生物，只有能生长的才生长，其他被抑制。要分离这种微生物，必须根据该微生物的特点，包括营养、生理、生长条件等，采用选择培养分离的方法。微生物生长繁殖所必需的营养元素主要包括碳源、氮源、磷源、生长因子及无机盐，不同种类微生物对碳、氮、磷源及无机盐的需求也各不相同，对于一株未知菌种而言，该选用何种培养基需要通过实验进行确定，因此在菌种筛选过程中应多选用几种培养基进行实验，只有这样才能保证样品中的不同菌种都能在实验富集培养基中生长，从而选择出所需要的目标菌种。实验采用的培养基尽量保证的种类及浓度有所差别，以确保筛选出更多种类的菌种。目前采油微生物菌种所用的筛选培养基种类较多，下面通过 4 种常用的培养基对微生物菌种生长繁殖的影响进行说明。所用微生物样品来源于宝力格油田，4 种培养基配方分别如下：

① 葡萄糖 0.6%、蛋白胨 0.1%、氯化铵 0.1%、酵母膏 0.08%、磷酸氢二钾 0.02%、磷酸二氢钠 0.1%，pH 7~7.5；

② 葡萄糖 0.2%、硫酸铵 0.5%、氯化钾 0.11%、氯化钠 0.11%、硫酸亚铁 0.0028%、磷酸二氢钾 0.15%、磷酸氢二钾 0.15%、硫酸镁 0.05%、酵母膏 0.05%、微量元素 0.5%，原油 2%，pH7~7.5，硫酸锌 0.029%、氯化钙 0.024%、硫酸铜 0.025%、硫酸镁 0.017%；

③ 葡萄糖 0.6%、硫酸铵 0.1%、酵母膏 0.01%、K_2HPO_4 0.5%、KH_2PO_4 0.15%、$MgSO_4 \cdot 7H_2O$ 0.02%、$CaCl_2 \cdot 2H_2O$ 0.01%、三水合柠檬酸钠 0.05%，pH7~7.5；

④ 蔗糖 2%、蛋白胨 0.05%、酵母粉 0.05%、尿素 0.05%、硫酸铵 0.05%、磷酸二氢钾 0.5%、7 水硫酸镁 0.02%、氯化钠 0.01%，pH7~7.5。

图 3-2 及图 3-3 分别为 6 个样品中的微生物在不同培养基中的生长及对原油的乳化效果。从结果可以看出，对于同一个样品，在不同的营养液中的生长繁殖及对原油的作用效果有很大差异。菌浓低表明所用的培养基不是很适合该微生物的生长需求，而对原油的乳化效果差则表明菌种在该营养液配方下代谢表面活性剂的量较小，或者说所选用的营养体系不能有效激活功能菌。以样品 3 为例，虽然其在这 4 中培养基中的繁殖数量相近，都在 10^8 cells/mL 左右，但对原油乳化效果(乳化标准见表 3-2)具有很大差异，在培养基 2 中其对原油的乳化效果很差，原油基本不发生乳化，而在培养基 1 和 3 中却能对原油发生良好的乳化作用，这说明培养基 1 和 3 更有利于样品 3 中的采油功能菌生长并代谢生物表面活性剂。

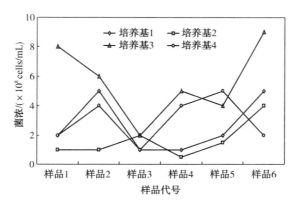

图 3-2　不同样品在 4 种不同培养基下的生长情况

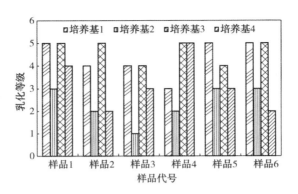

图 3-3 6 个样品在 4 种不同培养基中对原油的乳化效果

表 3-2 微生物菌种乳化实验评价标准

乳化等级	乳化描述
5	油水能够完全混相，无油水分界线，静置后较长时间不分层
4	效果很好。油水大部分混溶，下层水层为深褐色，油相为沫状。经用力摇匀，油水基本能够混溶
3	效果好。油水部分混溶，下层水层为褐色，油相为小珠状、直径 1~2mm 左右。经用力摇匀，油水能够部分混溶，部分油珠可变长变扁
2	效果较好。油水部分互溶，下层水相颜色加深，油珠颗粒比空白小
1	见效。油水少量互溶，油珠颗粒比反应前空白小
—	无效。油水明显分离，油珠颗粒与反应前空白一致

（2）制作培养基

按培养基配方比例依次准确地秤取营养成分放在烧杯中。在上述烧杯中先加入少于所需要的水量，用玻璃棒搅匀，然后，在石棉网上加热使其溶解。待药品完全溶解后，补充水分到所需的总体积。在未调 pH 前，先用精密 pH 试纸测量培养基的原始 pH 值，如果 pH 偏酸，用滴管向培养基中逐滴加入 1mol/L NaOH，边加边搅拌，并随时用 pH 试纸测其 pH 值，直至 pH 达到 7.4。反之，则用 1mol/L HCl 进行调节。注意 pH 值不要调过头，以避免回调，否则将会影响培养基内各离子的浓度。

将配制的培养基分装入 300mL 三角瓶内，分装过程中注意不要使培养基黏在管口或瓶口上，以免玷污棉塞而引起污染。培养基分装完毕后，在三角瓶口上塞上棉塞，以阻止外界微生物进入培养基内造成污染，并保证有良好的通气性。

配置好的培养基在使用之前须经湿热灭菌，即将培养基放在高压蒸汽灭菌锅内 1.05kg/cm^2，121.3℃保持 15~30min 进行灭菌。时间的长短可根据灭菌物品种类和数量的不同而有变化，以达到彻底灭菌为准。这种灭菌适用于培养基、工作服、橡皮物品等的灭菌。湿热灭菌适用范围很广，但主要是培养基的灭菌。在培养基灭菌中最需注意不要过多破坏营养，特别是糖类。如因特殊情况不能及时灭菌，则应放入冰箱内暂存。湿热灭菌的好处是灭菌效果好，另外蒸汽穿透力大，含能量高。使用蒸汽灭菌器要注意排气安全，否则达不到灭菌温度。当然培养基中尚有其他物质如蛋白质类等，会对糖类起保护作用。一般含糖物质的培养基灭菌压力应不超过 68.95kPa，灭菌时间控制在 15~20min。本实验选择在灭菌压力为 60kPa 的条件下灭菌 20min。将灭菌的培养基放入 37℃的温室中培养 24~48h，以检查灭菌是否彻底。

3.3.3　兼性厌氧菌的筛选

（1）好氧富集

从油田现场取回来的微生物样品中所含细菌种类往往很多，甚至成百上千种，而且不同地方取得的样品所含菌群结构也会有较大差异，如果将这些细菌进行一一分离纯化不仅工作量很大，而且难度也很大，因此在分离纯化前需要进行初步筛选，具体方法如下：

将不同来源的微生物样品分别接种到以上不同培养基中进行发酵培养，微生物的培养在三角瓶中进行，三角瓶用微孔橡胶塞或棉塞塞住，然后在摇床上 40℃恒温培养。所采用的富集培养基为葡萄糖 1.4%，蛋白胨 0.4%，酵母 0.3%，氯化铵 0.6%，磷酸二氢钾 0.3%。通过测定培养过程中的微生物生长曲线及菌种对原油的降黏乳化分析对菌种进行评价。在地层温度下，如果样品中的微生物能够在 24h 之内达到 10^8 cells/mL 以上，而且对原油的乳化等级大于 3，降黏率大于 20% 时再进入下一步筛选。

（2）兼性厌氧菌筛选

在厌氧培养箱中对第一步筛选的菌种采用厌氧培养瓶或平板进行厌氧培养，每隔一定时间观察微生物的生长情况，如果能够在厌氧条件下很好的生长繁殖，则表明该菌种是兼性厌氧菌。

3.3.4　菌种纯化

为了获得某一种微生物，我们须从混杂的微生物类群中分离它，以得到只含有这一种微生物的纯培养，这种获得纯培养的方法称为微生物的分离与纯化。通常用平板划线分离法、简单平板分离法、稀释分离法等分离、纯化微生物。

平板划线分离法：此法是借划线将混杂的菌种，在琼脂平板表面上分散开，使单个菌体能固定在一点，生长繁殖后形成单个菌落，从而达到分离的目的。

简单平板分离法：与稀释分离法相似，梯度稀释后，取菌液涂平板，培养后获得单菌落。

稀释分离法：若分离纯化的样品中，含有两种或两种以上的微生物种类时，也可借溶化的琼脂将微生物冲散，待琼脂冷凝后，分散的微生物细胞个体就被固定在原位置形成菌落，这样也能达到分离纯种的目的。

针对宝力格油田驱油微生物菌种的筛选，具体操作步骤如下：

取已灭菌的 50mL LB 液体培养基加入 50mL 油田地层水样品中，富集菌体培养 48h。采用梯度稀释法制备 $10^{-2} \sim 10^{-6}$ 的系列稀释液，取 150μL 分别涂布到 NA 培养基中，37℃下培养 48h。挑单菌落转接到新鲜的 NA 斜面上于 4℃保藏。对分离纯化的单菌株重复上述步骤，最终筛选出所需要的高效采油菌。通过 3 级筛选，根据菌种对原油的降黏、乳化及驱油效果最终分离出 9 株高效采油菌，分别命名为 LC、JH、HB3、IV、H、Z-2、HB-1、HB-2 及 HB-3。

3.3.5 摇瓶培养

摇瓶培养实验是对经过分离纯化后的细菌进行摇瓶振荡并初步培养。摇瓶培养设备主要有旋转式摇床和往复式摇床两种类型，也有旋转式和往复式混合类型，其中以旋转式最为常用。用旋转式摇床进行微生物振荡培养时，固定在摇床上的三角瓶随摇床以 200~250r/min 的速度运动，由此带动培养物围绕着三角瓶的内壁平稳地运动。在往复式摇床进行振荡培养时，培养物被前后抛掷，引起较为剧烈的搅拌和撞击。振荡培养中所使用的发酵容器通常为三角烧瓶。在振荡培养过程中所采用的烧瓶类型和振荡类型主要取决于所要研究的发酵类型及性质。

在浸没培养过程中振荡的目的在于改善活细胞的氧气和营养物的供给。摇瓶培养通常以特定生长条件下的培养物接种，也可用孢子接种。在绝大多数情况下，摇瓶接种量有一最佳浓度，此在摇瓶开始之前，必须通过预试加以确定。而在整个摇瓶发酵过程中保持相对无菌是成功地实施这项技术的必要保证。在摇床室中必须装备一个可靠的制冷系统。一般台式摇床都有一通过空气循环或水浴来保持恒温的装置，可使所有的摇瓶内培养基温度处于同一水平。振荡培养所用的发酵容器也可选用试管。所选用的试管大小可根据需要来决定。

取 5mL 取样液接种于装有富集培养基的厌氧培养瓶中，培养瓶的装液量为 80mL（或 300mL），将培养瓶置于 45℃摇床上培养，摇床转速为 100r/min，每隔 8h 取样涂原油平板，用油浸镜对发酵菌落进行观察，估测菌数并绘出纯化后单株菌的生长曲线图。由此选出两株在培养条件下生长旺盛的菌株。

微生物的生长与产物的生成有密切的关系，因此生长曲线对发酵的控制很重要。生长曲线测定的常用理化方法，分测定细胞数和细胞重量两类。在适当的培养条件下，把一定数量的细菌接种到合适的液体培养基内，定时取样测定活菌的数量，以活菌数的对数为纵坐标，以时间为横坐标，可绘出一条反映单细胞微生物群体生长规律的曲线，即生长曲线。

细菌的生长过程可分为四个时期，迟滞期（调整期）、对数生长期（生长旺盛期）、稳定期（平衡期）和死亡期（衰退期）。

（1）迟滞期。细胞的个体重量增加，体积增大，但是活菌数没有增加；

（2）对数生长期。是指当细菌在经过了适应性的变化后，生长繁殖速度会迅速地增大，经过一个短暂的加速的过渡阶段，很快达到最大值，这一时期，菌体的每一次分裂的世代时间最短且恒定；

（3）稳定期。在稳定期内，菌体的世代时间加长且不恒定，活菌数的增加和死菌数的增加接近平衡；

（4）死亡期。稳定期后，细菌的死亡率逐渐地增加，死亡的菌体超过了新生的菌体数，活菌逐渐减少。

3.3.6 采油微生物菌种的性能评价

分离纯化后的菌株必须通过性能测试后才能确定是否符合微生物驱油要求。这就需要将菌种进行摇瓶液体培养，然后对其适应环境能力以性能进行评价，包括菌种代谢的产物种类和量、对原油的降黏乳化效果以及驱油效率等，以此来确定菌种的优良程度，以提出改进方法和应用措施，

另外，纯培养得到的每种菌都具有自己的特性，例如形态生理生化和遗传学特性等。无论研究工作或生产只有每次使用同一菌种，才能得到同样的

结果，这就需要将纯培养的菌种保藏起来，以备每次使用。

（1）菌种评价方法

目前室内分离菌种采用的评价方法包括以下几方面：

① 评价筛选出的目的菌对环境的适应性，包括细菌与油层的配伍性测定（耐温度性能，耐盐度性能和耐 pH 值性能），细菌生长速度对培养温度的敏感性测定。对于提高原油采收率的微生物来说，耐温度，耐盐度和耐 pH 值的范围，是其是否适合用于采油的重要性能指标，所以菌种鉴定试验一般要从这三方面就环境对试验菌株的影响进行测定。

② 分别测定每种目的菌的发酵生长曲线，研究菌种的生理生化特性；

③ 确定菌株发酵培养条件；

④ 评价菌液对原油物性的变化情况，包括原油黏度、含蜡、含胶质和油水界面张力等的变化；

⑤ 通过微生物岩心驱油模拟实验，评价目的菌提高原油采收率的效果。

在现有的分析条件下，这些评价方法基本上可满足微生物菌种筛选工作的要求。菌种筛选是一个非常复杂的系统工程，现有的评价方法与研究目标仍有较大的差距，需要不断地改进和完善，才能逐步认清菌种筛选机理的真正实质。

3.3.6.1 形态学观察

将菌株在 NA 平板上划线培养，获得单菌落，观察其菌落形态；并利用 JEM-1400 型透射电镜（TEM）观察其菌体形态特征，以菌株 HB-2 为例，结果见图 3-4、图 3-5 和表 3-3。

图 3-4　菌株 HB-2 在 TSA 培养基上的菌体形态(左)和菌落形态(右)

50

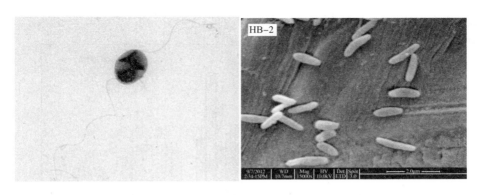

图 3-5　菌株 HB-2 的细胞透射电镜(左)和扫描电镜图(右)

表 3-3　所筛选菌株的形态特征

编号	菌株	菌落形态
1	LC	细胞杆状，0.5μm×(1.0~1.5)μm，革兰氏阴性，不生孢，菌落为乳白色，不透明，直径 1.0mm
2	JH	细胞杆状，0.5μm×(1.0~1.5)μm，革兰氏阴性，不生孢，菌落为深黄色，不透明，直径 1.0mm
3	HB3	细胞杆状，0.5μm×(0.7~1.0)μm，革兰氏阴性，不生孢，菌落为暗白色，不透明，直径 2.0mm
4	IV	细胞短杆状，0.5μm×(67~1.0)μm，革兰氏阴性，不生孢，菌落为乳白色，半透明，直径 0.5mm
5	H	细胞杆状，0.5μm×(0.67~2.0)μm，革兰氏阴性，不生孢，菌落为淡黄色，不透明，直径 1.5mm
6	Z-2	细胞杆状，0.4μm×(0.6~1.0)μm，革兰氏阴性，不生孢，菌落为淡红色，不透明，直径 1.5mm
7	HB-3	细胞杆状，0.5μm×(1.0~1.3)μm，革兰氏阴性，不生孢，菌落为乳白色，不透明，直径 1.0mm
8	HB-1	细胞杆状，0.5μm×(1.0~1.67)μm，革兰氏阴性，不生孢，菌落为乳白色，半透明，直径 1.0mm
9	HB-2	细胞杆状，0.4μm×(0.6~1.0)μm，革兰氏阴性，不生孢，菌落为淡红色，不透明，直径 1.5mm

3.3.6.2　不同菌种对温度的适应性

在好氧条件下采用 LB 培养基对不同菌株进行发酵培养，在培养 48h 后采用分光光度计分别测定各菌株在不同温度(20~60℃)下的光密度值(OD$_{600nm}$值)，从而判断不同菌株对温度的适应性。实验评价测定 3 次求平均值，以

LC、JH、HB3、IV、H 和 Z-2 这六株菌为例，结果见图 3-6。

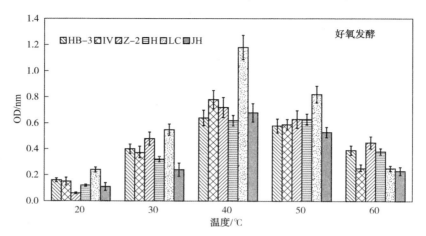

图 3-6 在好氧条件下温度对不同菌种生长繁殖的影响

从图 3-6 和图 3-7 可以看出，这六株菌在好氧和厌氧条件下都生长良好，表明这六株菌皆为兼性厌氧菌，但在厌氧条件下的生长速率要比好氧条件下低，其平均值约为好氧条件下的一半。不同菌株的生长速率随温度的变化表现出类似的趋势，即温度在 40~50℃ 时活性最大，而该温度与宝力格油田平均温度非常接近，因此，从温度适应性来看，所筛选的这六株菌完全能够适应目标油层的温度条件。从不同菌株的活性来看，在最佳温度范围内，LC 的生长速率最大，尤其在 40℃ 表现出很高的活性。

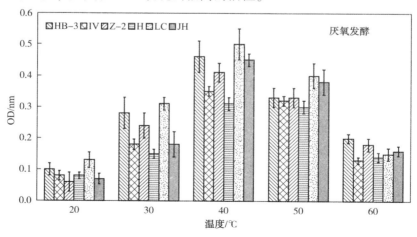

图 3-7 在厌氧条件下温度对不同菌种生长繁殖的影响

52

3.3.6.3　菌种耐盐性能

实验以 NaCl 浓度代表总矿化度，设计 10g/L、50g/L、100g/L、150g/L 及 200g/L 矿化度水为溶剂，配置培养基，接种微生物，40℃摇床振荡培养 40h，每 4 小时测定微生物 OD 值，用以检测矿化度对菌种生长的影响。试验结果显示，见图 3-8，这六株菌也都有良好的抗盐性能，其 ODs 值在不同矿化度下的变化趋势基本一致，在矿化度低于 100g/L 时，微生物的生长几乎不受影响，随着矿化度的进一步增加，这几株菌种的生长受到一定的抑制，生长速率明显降低，但相对于目标油层 10g/L 左右的矿化度来说，所筛选的这六株菌是完全能够适应宝力格油藏条件。

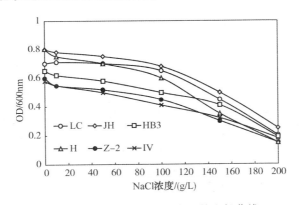

图 3-8　菌种在不同矿化度下的生长曲线

3.3.6.4　微生物菌种显微性能评价

将岩心磨成粉状颗粒，铺于培养皿底部，配制 3%微生物驱油剂溶液，悬滴于岩心粉末表面，利用倒置显微镜进行活细胞下连续拍摄，观察微生物移动、油滴剥离等生物现象。以菌种 LC 为例，通过显微镜观察其对原油的作用过程如图 3-9 所示。

从图中可以看出，菌株 LC 在初期附着于岩心颗粒表面，随即开始作用岩心中的原油成分，在岩心颗粒表面形成油膜，并逐渐向外扩散、包裹、形成小油滴，进而形成成形油滴，这是显微观察到微生物对原油的剥离和聚并作用，证明微生物可以切实地用于驱油措施中。

3.3.6.5　微生物菌种在多孔介质中的性能评价

将岩心样品破碎成含有 10mm×5mm 平面的小块，充分暴露并保护好观察面，用生理盐水仔细漂洗观察面，悬滴 3%微生物溶液，2%戊二醛和 1%锇酸进行固定，然后用丙酮脱水，利用醋酸异戊酯置换残留丙酮，进而 CO2 临界

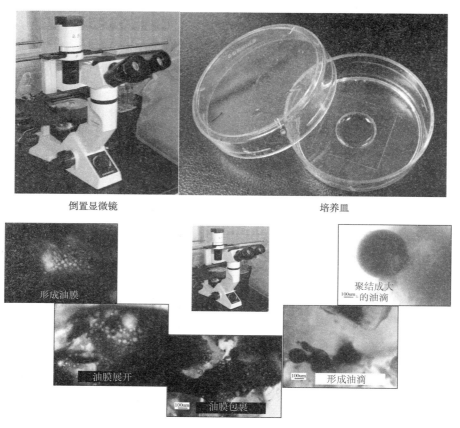

倒置显微镜　　　　　　　　　　　　　培养皿

形成油膜

聚结成大
的油滴

油膜展开

形成油滴

油膜包裹

图 3-9　LC 对原油的作用过程

(a)　　　　　　　　　　(b)　　　　　　　　　　(c)

图 3-10　菌株 LC 在自然状态下(a)、附着于岩心表面(b)及在岩心空隙中(c)的形态

点干燥，利用离子溅射或真空方式在观察面镀金，进行 SEM 观察。图 3-10
和图 3-11 分别为菌株 LC 和 JH 在自然状态下、附着于岩心表面及在岩心空隙
中的扫描电镜图。

54

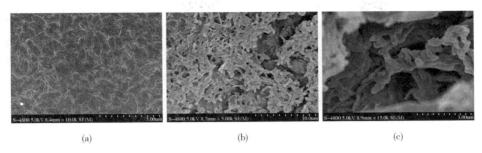

(a)　　　　　　　　　　　(b)　　　　　　　　　　　(c)

图 3-11　菌株 JH 在自然状态下(a)、附着于岩心表面(b)及在岩心空隙中(c)的形态

由 SEM 照片可以看出，菌体具有一定形态，菌体 LC 和 JH 对岩心都有很强的附着性，部分附着在岩心表面，可以起到剥离原油作用；由于菌体直径小，部分可以通过运动进入岩心孔喉，洗出常规措施难以驱替出的原油，同时具备一定的封堵作用。

3.3.6.6　发酵液表/界面张力

在微生物驱油过程中，微生物代谢产物——生物表面活性剂对提高采收率有着非常重要的作用，首先表面活性剂可有效降低油/岩石和油/水界面的表/界面张力，其作用不但改善了岩石润湿性，消除岩石孔壁油膜，提高油相流动能力，而且在表面活性剂作用下使得微生物能够更好地与原油接触，从而起到降解原油的目的。表面活性剂的一个最重要特征是降低发酵液的表面张力值，因此通过测定微生物发酵液的表面张力变化就能够判断该菌种是否能够代谢生物表面活性剂，当发酵液表面张力值能够降低 20%以上时表明该菌株对提高采收率具有一定效果。实验对筛选的 9 株菌进行发酵培养，采用板法测定发酵液培养前后的表面张力变化，结果见表 3-4。

表 3-4　实验筛选的 9 株菌培养前后发酵液油/水界面张力值变化

菌种	表面张力值/(mN/m)	界面张力降低率/%	界面张力/(mN/m)	界面张力降低率/%
空白	72.5	—	35.8	—
LC	26.8	63.0	6.2	82.7
JH	29.5	59.3	7.3	79.6
HB3	32.2	55.6	10.3	71.2
IV	34.7	52.1	7.9	77.9
H	28.5	60.7	5.6	84.4
Z-2	31.2	57.0	7.3	79.6
HB-1	35.2	51.4	8.4	76.5
HB-2	27.8	61.7	6.0	83.2
HB-3	26.1	64.0	4.8	88.5

从表 3-4 可以看出，这 9 种菌的发酵液的表面张力及发酵液与油的界面张力值都显著降低，表/界面张力下降值分别为 51.4% ~ 64.0% 和 71.2% ~ 88.5%，原油经细菌发酵液作用一段时间后可以形成水包油乳液，表明菌株在发酵过程中能够产生高效生物表面活性剂，而表面活性剂对原油乳化降黏和增加水驱效率都具有重要作用。

3.3.6.7 菌种对原油的乳化降黏

微生物对原油的降黏乳化实验是微生物筛选过程中最直观也是最有效的方法，因为对于一株好的菌种，无论是微生物本身还是代谢产物对原油的作用都能够使原油产生乳化并降低原油黏度，因此在菌种筛选过程中首先通过降黏乳化实验来对其进行评价。

（1）乳化实验

将营养液高温（120℃）灭菌后取 100 ~ 150mL 倒入 200mL 三角瓶中，接入 5% 的目标菌液，并加入 5 ~ 10g 原油，然后在恒温摇床上以 150r/min 在地层温度下培养 48h，在该过程中每隔一段时间观察一次原油的乳化情况。由于在原油乳化实验过程中，发酵液和原油体积比对实验结果有很大影响，当原油太多时一方面是微生物不能与原油充分接触，另一方面容易产生反乳化现象，因此一般控制发酵液与原油的体积比为（20∶1）~（10∶1）。图 3-12 为菌种 LC 和 JH 在地层温度条件下好氧发酵 48h 后观察到的对巴 51 混合原油的乳化效果。从图中可以看出，对于未加菌液的空白，油水明显分层，而且原油挂壁现象严重，而加了菌液 LC 和 JH 的两个烧瓶，原油在微生物作用下与水完全乳化，原油以极小颗粒分散于水中，并形成 O/W 乳液。而且原油不挂壁的现象表明这两株菌在发酵过程中能够产生表面活性剂，从而起到很好的洗油效果，说明这两株菌对巴 51 稠油有很好的作用效果。

(a)空白对照　　(b)菌种LC作用后原油乳化效果　　(c)菌种JH作用后原油乳化效果

图 3-12　菌种 LC 和 JH 对巴 51 混合原油的乳化效果

（2）降黏实验

降黏实验能够很好地反映出菌种对原油的降解作用以及代谢产物表面活性剂对增加原油流动性的作用。微生物对原油的降黏实验有两种方式，一种方式是将一定量的原油加入微生物菌液中，然后在地层温度下进行发酵培养48h再测定微生物作用后原油黏度，另一种方式是将微生物发酵液培养48h后再与原油搅拌混合，测定发酵液对原油的降黏作用，第一种方式反映了微生物本身及其代谢产物对原油的综合作用，而后一种方式则体现了单纯的微生物代谢产物对原油的降黏作用。图3-13为菌株HB-1、HB-2、HB-3及HB-4在这两种方式下对原油的降黏效果，为了在相同条件下进行对比，所有实验采用的油水体积比都为1∶5，发酵液降黏实验是将微生物发酵液离心除去菌体并灭菌后再与原油混合，并在相同的转速下在恒温摇床上振荡48h。由结果可以看出，同一菌种在这两种方式下测得的黏度有一定差异，但总的情况是第一种方式下测得的降黏率要大于后者，这也进一步表明微生物对原油的降黏作用是微生物本身与代谢产物作用的共同结果。

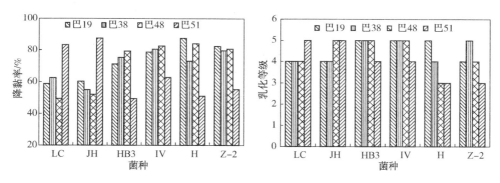

图3-13　菌株HB-1~HB-4在不同条件下对原油的降黏和乳化效果

（3）菌种对原油降解分析

正如前面提到的，微生物驱油机理主要是通过微生物自身对原油的降解作用和代谢产物的作用来达到提高原油采收率的目的，那么筛选的菌种对原油的降解效果及降解机理如何还必须通过实验来进行评价。原油组分的气相色谱（GC）全烃分析可以深入了解微生物作用前后原油组分的变化，从而对微生物对原油的降解效果及机理进行了解，这也是菌种筛选过程中一个重要步骤。

以筛选的HB-1和HB-2株菌为例，通过气相色谱分析微生物作用前后原油的组分变化。实验用油为宝力格混合油，首先将这2株菌进行活化，然后按 2% 接种到相应培养基中，并各自加入 5% 的原油，在 45℃ 下摇床培养 1 周。气相色谱条件为：柱箱温度初温 40℃，升温速率 2℃/min，温度达到 200℃ 后采用 6℃/min 的升温速率并一直升温到 290℃，恒温至无峰为止。气相色谱分析结果表明，在微生物作用一周后，这 9 株菌对原油都有较好的降解作用。

图 3-14 为菌株 HB-1 及 HB-2 作用前后原油的气相色谱全烃分析。从图中可以看出，微生物作用后的原油组分相对含量发生了明显变化，其中菌株 HB-2 作用后原油的重质组分相对含量减少，轻质组分相对含量增加，而 HB-8 作用后原油组分中轻质组分相对含量减少，重质组分含量增加。一般情况下，低分子量的正构烷烃能够优先被微生物利用，因此微生物作用后的原油大部分都是轻质组分减少而重质组分相对含量增加。该结果说明，HB-2 更有利于降解长链烃，从而达到降低原油黏度的目的。

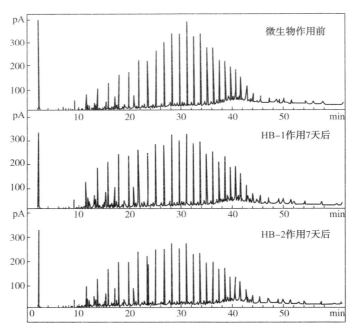

图 3-14　原油经微生物菌种 HB-1 及 HB-2 作用前后全烃气相色谱图

表 3-5 为气相色谱对这 9 株菌作用前后的原油组分分析结果。从姥鲛烷/C_{17}、植烷/C_{18} 的大小变化来看，HB-3，HB-5、HB-7、HB-8 及 HB-9 微生物作用后原油的姥鲛烷/C_{17}、植烷/C_{18} 都增加了，这表明这几种菌作用后的原油流动性增加。而 HB-2 的姥鲛烷/C17 有所降低，但植烷/C18 有所增加，结

58

合正构烷烃和异构烷烃相对于重质组分的变化看，大部分菌优先利用正构烷烃。从（$C_{21}+C_{22}$）/（$C_{28}+C_{29}$）变化看，JH、HB3、HB-1、HB-2 及 HB-3 作用后的值都有所增加，表明这 5 株菌降解高分子量正构烷烃的速度要大于低分子量的正构烷烃，其他菌种作用后的比值都呈降低趋势，说明其优先降解低分子量的烷烃。

表 3-5　不同株菌作用前后原油组分变化

样品	姥鲛烷/C_{17}	植烷/C_{18}	姥鲛烷/植烷	主峰碳	正构烷烃轻/重	异构烷烃轻/重	（$C_{21}+C_{22}$）/（$C_{28}+C_{29}$）
空白	0.65	1.08	0.60	nC_{23}	0.84	0.56	1.75
LC	0.57	0.97	0.59	nC_{23}	0.67	0.47	1.78
JH	0.78	1.25	0.62	nC_{23}	0.95	0.57	1.99
HB3	0.80	1.38	0.58	nC_{23}	0.67	0.45	1.57
IV	0.59	0.99	0.60	nC_{23}	0.88	0.60	1.67
H	0.63	1.02	0.62	nC_{23}	0.88	0.53	1.75
Z-2	0.60	1.01	0.61	nC_{23}	0.91	0.57	1.71
HB-1	0.85	1.43	0.59	nC_{23}	0.70	0.49	1.91
HB-2	0.87	1.46	0.60	nC_{23}	0.72	0.48	1.95
HB-3	0.71	1.19	0.60	nC_{23}	0.63	0.50	0.54

　　在菌种筛选过程中尽量筛选能够优先降解原油重质组分的菌株，这样更有利于提高原油采收率。从前面的分析结果可以看出，LC、JH、HB-1 及 HB-2 这 4 株菌株作用后原油的轻质组分增加，重质组分减少，表明这几株菌非常有利于稠油的降黏作用。

3.4　代谢产物分析

　　微生物代谢产物主要包括生物表面活性剂、有机酸、生物气及有机溶剂等，目前研究表明，前三类代谢产物在提高采收率方面发挥重要作用，通过对所筛选菌种代谢产物的分析可以从根本上了解微生物提高采收率的机理，同时可根据代谢量的大小来对菌种进行评价。在这些代谢产物中，有机溶剂虽然也非常有利于增加原油流动性但代谢量非常有限，一般很难检测到，因此本章内容主要针对代谢产物生物表面活性剂、有机酸、生物气进行分析。

3.4.1 有机酸分析

（1）仪器及试剂

仪器：气相-质谱连用仪，高速离心机，恒温水浴，超声震荡仪。

试剂：甲酸，乙酸，丙酸，丁酸，丁醇，正己烷，十二烷，氯代十六烷，浓硫酸，丙酮。

（2）样前品处理

取产出液样品 10mL 离心除油，用氨水调节 pH 值到 10 并烘干，加入丁醇 0.500mL，再加入 3 滴浓硫酸作催化剂，超声处理混匀 2min，在 90℃ 下密封反应一定的时间，反应过程中间隔 10min 或者 20min 摇晃。反应结束后冷却，加入 5.0mL 去离子水，震荡混匀后平均分成两份，其中一份用十二烷萃取短链酸，另一份用正己烷萃取长链酸，各萃取 3 次（1mL、0.5mL、0.5mL），静置分层后，用滴管吸取上层有机相至样品瓶中进行气相色谱分析。

（3）GC-MS 分析条件

气相色谱条件：色谱柱，弹性石英毛细管柱 HP-Innowax（30m×250μm×0.25μm），进样口温度：250℃；检测器温度：250℃；载气：高纯氮，进样量：2.0μL；柱温：起始温度 100℃（5min），升温速率 10℃/min，中止温度 250℃（3min）；载气流速：15.00mL/min；氢气流速：26.50mL/min；空气流速：252.31mL/min；载气流量：3.5 圈；分流比：1.5 圈；氢气流量：4.5 圈，空气流量：6 圈。

质谱分析条件：EI 源电子能量 70eV，电子倍增器电压 1600V，质量扫描范围：30~50amu，离子源温度：250℃，四级杆温度：150℃。

（4）有机酸定量分析

根据 GC-MS 图谱峰面积与有机酸浓度成正比来对有机酸进行定量分析，短链有机酸分别采用甲酸、乙酸、丙酸和丁酸来配制标准溶液，而长链有机酸采用棕榈酸标准溶液进行定量。首先配置一系列浓度的有机酸溶液，在酸性条件下经丁醇酯化并分别用十二烷和正己烷萃取后再经气相色谱分析，图 3-15 为几种常见挥发性短链脂肪酸标准品 GC 色谱图。

得到的色谱图经仪器自动积分后用峰面积对有机酸浓度作图，所得到的标准曲线见表 3-6。

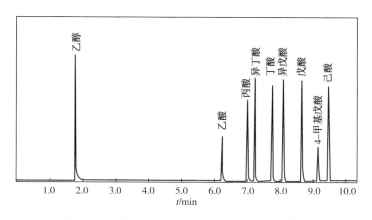

图 3-15　挥发性短链脂肪酸标准品 GC 色谱图

表 3-6　不同有机酸定量标准曲线

有机酸	标准曲线方程①	线性相关系数	检测限/（mg/L）②
甲酸	$y = 32.56x$	0.9905	0.20
乙酸	$y = 59.79x$	0.9948	0.01
丙酸	$y = 99.24x$	0.9974	0.08
丁酸	$y = 148.54x$	0.9962	0.05
棕榈酸	$y = 912.16x$	0.9925	0.01

①色谱峰面积单位为 V·s，标准曲线方程采用强制过原点。

②先得到 6 次 10min 基线，放大图谱，量出基线宽度，取平均，再配适当浓度溶液，进样约 3 倍基线高度，计算即得。

　　表 3-7 中 4 种短链有机酸及棕榈酸浓度标准曲线的线性相关系数均大于0.99，表明这 5 种有机酸的标准曲线有良好的线性关系，而且该方法对不同有机酸定量都具有很低的检测限，其中对乙酸和长链酸分析的检测限达到了0.01mg/L，该结果要低于文献报道的其他分析方法对有机酸的检测限。通过对有机酸样品的衍生化并结合 GC-MS 分析不仅大大降低了分析的检测限，而且能够实现对样品的同时定性和定量分析，因此该方法完全能够满足微生物驱现场产出液中有机酸的快速监测。

3.4.2　生物表面活性剂分析

3.4.2.1　定性分析

（1）发酵液表面张力的测定

表面张力法适合于离子表面活性剂和非离子表面活性剂临界胶束浓度的

测定，无机离子的存在也不影响测定结果。在表面活性剂浓度较低时，随着浓度的增加，溶液的表面张力急剧下降，当到达临界胶束浓度时，表面张力的下降则很缓慢或停止。以表面张力对表面活性剂浓度的对数作图，曲线转折点相对应的浓度即为 CMC，图 3-16 为菌种 LC 代谢的生物表面活性剂的浓度随表面张力变化图。从图中可以看出，菌种 LC 代谢的生物表面活性剂可以显著降低表面张力值，随着表面活性剂浓度的降低，表面张力值逐渐下降，当表面活性剂浓度达到 31.8mg/L 时，溶液的表面张力降低到了 27.8mN/m，通过作图法确定该表面活性剂的 CMC 值为 31.8mg/L。如果在表面活性剂中或溶液中含有少量长链醇、高级胺、脂肪酸等高表面活性的极性有机物时，溶液的表面张力-浓度对数曲线上的转折可能变得不明显，但出现一个最低值。这也是用以鉴别表面活性剂纯度的方法之一。

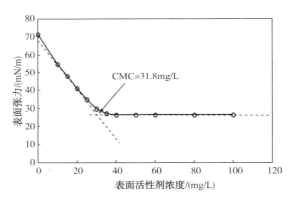

图 3-16　菌种 LC 代谢的生物表面活性剂的浓度与表面张力关系曲线

（2）红外光谱分析

红外光谱也常用来鉴定表面活性剂的分子结构，根据红外吸收峰的位置来推断表面活性剂分子所带的功能基团。图 3-17 为菌种 LC 代谢生物表面活性剂样品的红外光谱图。

在 FT-IR 谱图上的 3307cm^{-1} 是由分子链间氢键引起的 NH 收缩振动，3070cm^{-1} 是 NH 基团的分子内氢键引起的 NH 伸缩谱带，1648cm^{-1}、1539cm^{-1} 分别为酰胺谱带 I 和 II。这些特征吸收表明，该表面活性剂分子的亲水基是一肽链。谱图上的 2957cm^{-1} ~ 2856cm^{-1} 和 1463cm^{-1} ~ 1387cm^{-1} 的两处吸收是脂肪碳链的 C—H 伸缩振动，1735cm^{-1} 和 1203cm^{-1} 是内酯的特征吸收，表明该表面活性剂分子的疏水基是一脂肪酸分子，因此可推断出该表面活性剂分子是一环脂肽类分子。

62

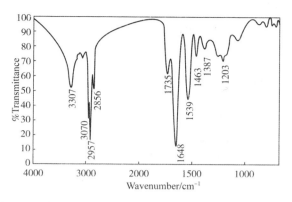

图 3-17　菌种 LC 代谢生物表面活性剂样品的 FT-IR 谱图

（3）TLC 分析

氨基酸及含有游离氨基的肽或蛋白能与茚三酮发生显色反应，这是定性鉴定蛋白质和氨基酸的重要反应，除脯氨酸和羟脯氨酸与茚三酮显黄色外，其他 α-氨基酸与茚三酮根据浓度显红色到蓝色。

具体方法为：将生物表面活性剂的氯仿溶液点样于硅胶板上，在氯仿∶乙酸（8∶2）展开剂中展开，在烘箱中加热除去有机溶剂，冷却，在茚三酮的乙酸乙酯溶液中浸润 5s，取出置于烘箱中加热 30min，取出冷却 20min 后，扫描记录实验现象，此为直接茚三酮显色结果；图 3-18 为菌种 LC 代谢生物表面活性剂的薄层色谱分析结果，将此硅胶板置于如图 3-18（a）所示水解瓶中，根据水解瓶的体积，在硅胶板旁边放一小烧杯并放入浓盐酸 2.4mL/L，密封后置于 110℃ 烘箱中加热 1.5～2.0h，取出后让盐酸挥发除去，冷却，在茚三酮的乙酸乙酯溶液中浸润 5s，再置于烘箱中加热 25～30min，取出冷却 20min 后，扫描记录实验现象，此为经盐酸水解后茚三酮显色结果。比较水解前后茚三酮显色的情况，发现水解前茚三酮不显色，而水解后茚三酮显色，表明菌种 LC 代谢的表面活性剂是一种脂肽，见图 3-18（b）。

样品的 TLC 分析结果表明，直接喷洒茚三酮显色剂加热时样品不显色，采用浓盐酸原位酸解后，再喷洒茚三酮显色剂加热时在对应位置显色，说明样品经酸解后有氨基酸存在，薄层上两个显色斑点说明该样品主要含有两种成分，显色表面样品为脂肽，且可能是氨基酸封闭的脂肽。但有关脂酰的分子结构还需要借助 GC-MS 进一步分析。

（4）GC-MS 分析

对于特定的微生物产生的脂肽，其肽部分的氨基酸种类和比例，甚至连

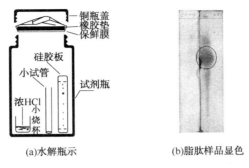

(a)水解瓶示   (b)脂肽样品显色

图 3-18　菌种 LC 代谢脂肽样品薄层色谱分析

接顺序均是一致的，即每分子脂肽含有确定数量的氨基酸残基。因此，测定脂肽中的氨基酸的种类及数量就可以推断出脂肽分子结构，见图 3-19~图 3-22。质谱显示脂肽的脂肪酸部分为 β-羟基脂肪酸；氨基酸分析表明肽部分由 4 个亮氨酸、1 个天门东氨酸、1 个缬氨酸和 1 个谷氨酸组成。利用串联飞行时间质谱测定了环脂肽的分子量及质谱图。根据分子量的氮规则和质谱碎片产生的简单断裂、双氢转移机制、McILaffenty 等单氢重排机制，直接确定了未水解的环脂肽中脂肪链的长度以及氨基酸连接的顺序。

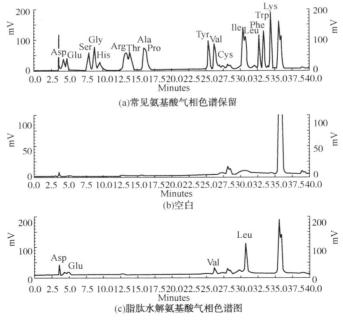

图 3-19　氨基酸气相色谱图

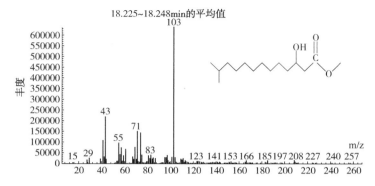

图 3-20　β-羟基-异-C14 酸甲酯的质谱图

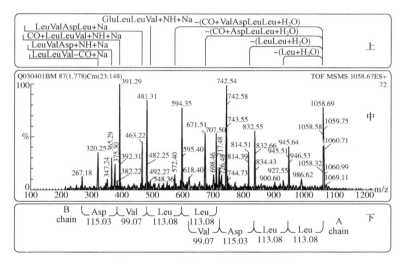

图 3-21　生物表面活性剂结构鉴定

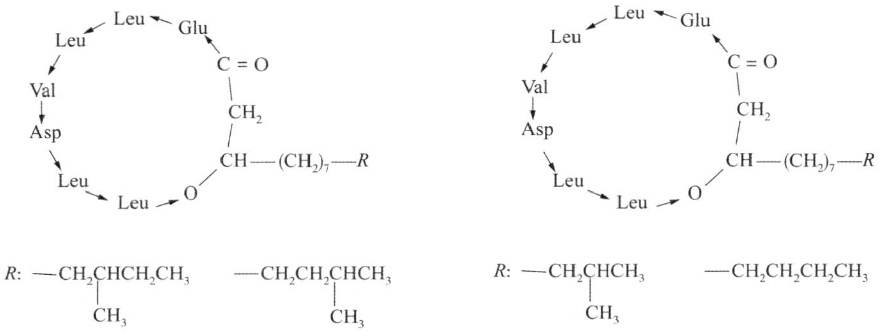

图 3-22　分子量不同的两种环脂肽分子结构示意图

3.4.2.2　定量分析

（1）HPLC 法

高效液相色谱（HPLC）不仅可以将发酵液中的不同表面活性剂组分分离开，而且可以根据保留时间来对每一个组分进行定性和定量。

仪器：LC-20A 高效液相色谱仪，4.6×250mmODSC$_{18}$（5μm）色谱柱。

流动相：A 液：0.05%三氟乙酸（TFA）溶液 500mL，溶液使用二次重蒸水配制；B 液：100%甲醇溶液。

样品处理：取样品产出液进行离心除去菌体，然后用酸沉淀，冰箱中 4℃静置过夜，过滤烘干，得到脂肽粗品，然后用一定体积的甲醇溶解样品，用液相色谱进行分析。

HPLC 分析：用 90%的甲醇溶液冲洗柱子至基线平衡，柱压稳定，调吸收值为 0。每次使用微量进样器进样 0.3mL，先使用 90%甲醇溶液冲洗柱子。10min 后杂质峰出现完毕，改用 B 溶液洗脱，流速 1.0mL/min，紫外检测器检测，检测波长 213nm。得到的色谱目标峰通过标准样品对照，根据峰面积进行计算。已知标准样品的浓度为 C_1，色谱峰面积为 S_1，产出液样品在相同的进样体积下得到的峰面积为 S_2，则样品脂肽浓度计算公式为：$Cx = C_1 \times S_2 / S_1$。

（2）GC-MS 法

取一定体积 v 的样品溶液或 w 质量的固体，通过处理，或浓缩，或直接在 6mol/L 的盐酸溶液中密封水解，蒸干，干燥后加入硅烷化衍生试剂溶液 0.500mL 在 60℃反应 20min。用 GC-MS 测定，识别衍生化的氨基酸及羟基脂肪酸，根据总离子色谱图中的氨基酸面积计算氨基酸的量，见表 3-7，根据 m/z233 提取离子色谱中羟基脂肪酸的比例计算各脂肽的比例。根据需要计算各脂肽及脂肽的摩尔量或质量，并将测定时的浓度或含量换算成原始样品的浓度或含量。

表 3-7　测定氨酸的工作曲线或标准曲线（$n=5$，强制过原点）

项目	工作曲线	相关系数/R^2
Val	$y = 959.3x$	0.9946
Leu	$y = 3952.0x$	0.9965
Asp	$y = 1104.4x$	0.9967
Glu	$y = 1016.7x$	0.9968

注：y 积分面积 mμV·s，仪器积分值×10^{-6}；x 氨基酸浓度 mol/L，进样时 0.500mL 溶液中的浓度。

另外，也可以通过表面张力法对产出液中的表面活性剂浓度进行半定量分析。在一定浓度范围内，产出液表面张力值与表面活性剂的浓度呈线性关系，因此可以采用标准曲线法来对产出液中的表面活性剂浓度进行初步测定。

3.4.3　生物气分析

（1）微生物产气量分析

将目标菌与营养液混合后，用 10mL 注射器吸取 5mL 发酵液，排尽注射器内的空气，然后用固体石蜡将注射器针头封住，放入摇床中进行发酵培养，每隔一定时间观察注射器的产气量，如图 3-23 所示。以时间对产气量作图便可以得到产气量随时间的变化关系，从图上可以确定出最大产气量及所需要的时间。

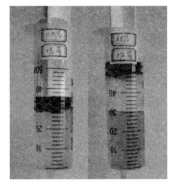

图 3-23　室内微生物产气定量检测方法

JH 产表面活性剂的量最大，达到了 1.8g/L。

（2）气体定性分析方法

目前微生物产气定性定量分析的最有效手段仍是 GC 法。对油井产气分析，一般采用气体取样器在现场取样，然后在 4h 内拿回实验室进行 GC 分析，根据每个组分的色谱保留时间和标准谱对照就可以对每个组分进行定性，而根据峰高及峰面积对样品中每个组分进行定量。

3.4.4　不同菌种代谢产物定量分析结果

表 3-8 为 9 株不同菌种的代谢产物定量分析结果。从测定结果可以看出，这 9 株菌都能产生一定量的有机酸、生物气和表面活性剂。

表 3-8　9 株菌代谢产物分析

菌种代号	有机酸/（mg/L）				生物气/（mL/L）	表活剂[①]/（g/L）
	甲酸	乙酸	丙酸	丁酸		
LC	40.3	59.5	10.2	1.1	120	0.5
JH	13.6	45.9	0.4	1.0	50	1.8
HB3	12.2	53.1	2.3	1.9	85	0.8
IV	32.9	44.2	10.9	1.7	100	0.6

菌种代号	有机酸/（mg/L）				生物气/（mL/L）	表活剂[①]/（g/L）
	甲酸	乙酸	丙酸	丁酸		
H	18.7	75.2	3.7	1.9	45	0.3
Z-2	15.2	53.2	4.5	1.8	15	0.7
HB-1	21.5	24.0	8.7	2.4	25	0.2
HB-2	23.1	75.2	12.5	1.2	10	0.1
HB-3	18.5	39.0	7.8	0.5	—	0.5

① 表面活性剂产量是通过将发酵液离心除菌后再经酸沉淀、有机溶剂萃取及冷冻干燥后的质量。

微生物模拟驱油实验能够综合体现其在地层环境下对提高采收率的效果，因此对前面筛选的菌种在应用之前需要进行物模驱油实验。物模驱油实验装置见图 3-24，实验流程如下：

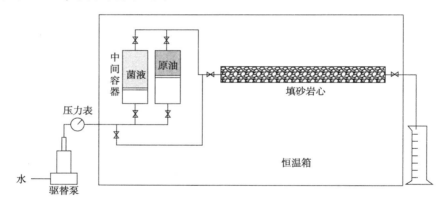

图 3-24　物模驱油实验装置

（1）岩心装填：采用 80 目、120 目和 200 目石英砂按照 5：4：1 比例混合分别装填 9 根直径 2.5cm，长度 50cm 的岩心，装填完成后抽真空后饱和地层水，然后测岩心孔隙度、渗透率，岩心参数见表 3-9。

渗透率和孔隙度的测定：采用机械装填完毕后对岩心管抽真空 6h，同时向岩心饱和地层水。最后根据进入岩心管中地层水的总体积及进出口的压差来计算孔隙度 Φ 和渗透率 Q，其计算公式分别如下：

$$\Phi = \frac{PV}{V_T} \times 100\% \ , \ Q = K \cdot \frac{60A}{\mu_w L} \cdot \Delta p, \ K = \frac{\mu_w L}{60A} \cdot k$$

表 3-9 实验岩心参数

项目	孔隙体积/mL	孔隙度/%	渗透率/μm²	原油饱和度/%
1#	69.1	21.0	0.485	80.2
2#	68.4	20.5	0.468	79.5
3#	67.2	20.1	0.455	78.9
4#	68.5	18.9	0.445	80.4
5#	71.0	21.1	0.480	79.5
6#	70.5	20.9	0.481	81.0
7#	68.9	22.2	0.472	80.0
8#	68.4	20.9	0.475	80.5
9#	69.8	21.5	0.464	79.2

（2）饱和宝力格混合原油，并将岩心置于50℃恒温箱中老化5天。

（3）出口设置背压阀，岩心加压至10MPa并全程保持。用地层水一次水驱，待岩心出口含水率达98%时停止水驱。

（4）分别注入0.4PV，2%的9株微生物菌液，封闭两端并放入50℃恒温箱中发酵培养1周，然后后续水驱。实验温度50℃，流速0.2mL/min，待出口端含水率达到100%时停止试验，计算原油采收率。实验用营养液配方为：葡萄糖2%，蛋白胨0.05%，酵母粉0.05%，尿素0.05%，硫酸铵0.05%，磷酸二氢钾0.5%，7水硫酸镁0.02%，氯化钠0.01%，自来水配制，115℃灭菌。

图3-25为HB3在物模试验过程中对原油采收率及含水率的影响。从该图可以看出，在第一个注水驱替过程中，初始阶段岩心出口端含水率几乎为0，随着注水体积增加。岩心出口端逐渐有水出现，之后含水率迅速增加。当注入体积达到0.6PV时，产出液含水率几乎达到了98%以上，此时原油采收率为44.3%，表明还有大部分原油仍在岩心中未驱替出来，但由于含水率几乎接近100%，如果继续采用水驱效果甚微。因此开始注入0.4PV的菌液HB3及营养液，然后封闭岩心两端并将其置于恒温箱中40℃培养1周，之后继续水驱。从图中可以明显看出，注入微生物后再进行二次水驱时采收率显著提高，对应含水率也明显下降，当后续水驱注入体积为0.5PV时含水率下降到最低，从微生物驱之前的98.5%下降到了82.3%，之后由于注入的微生物及营养液不断被消耗，微生物作用效果逐渐减弱，因此含水率又开始逐渐上升。当后续水驱注入体积达到2PV时，岩心出口端几乎没有原油流出，此时总的

原油采收率为 62.8%，相对于第一次水驱，微生物驱提高原油采收率达到 18.5%。同时测定微生物驱前后原油黏度发现，原油黏度由微生物驱前的 362.3mPa·s 降低到了 145.7mPa·s，降黏率为 59.8%，表明菌种 HB3 对提高原油采收率有显著贡献。实验采用同样方法对其他 8 株菌进行了物模驱油实验，结果见图 3-26。

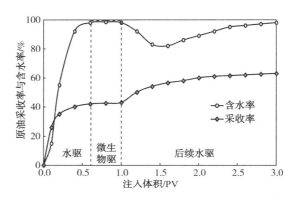

图 3-25　物模实验过程中采收率及含水率变化曲线

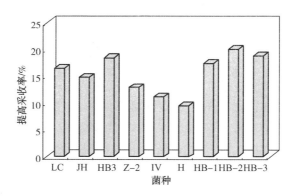

图 3-26　不同单菌种提高采收率幅度对比

从物模驱油实验结果可以看出，筛选的这 9 株菌都具有良好的驱油效果，提高采收率都大于 9.0%，其中菌株 HB-2 可以提高原油采收率达到了 20.1%。

3.5 采油微生物菌种的生物学鉴定

通过菌株的性能测定只能获得该菌株对原油的作用效果，对纯化好的目标菌株进行高通量测序鉴定，从基因水平上确定目标菌株，操作流程见图3-27。

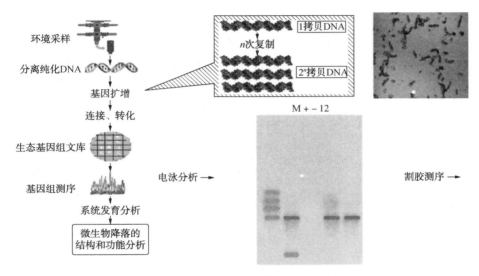

图 3-27　菌种分子生物学鉴定流程

（1）利用细菌基因组 DNA 提取试剂盒提取试验菌株基因组 DNA，提取的基因组 DNA 用 0.8% 的琼脂糖进行检测。

（2）以基因组 DNA 为模板，利用通用引物对 16SrRNA 基因进行扩增。PCR 扩增产物用 1% 的琼脂糖进行检测。

（3）纯化后的 PCR 产物用 ABI3700 基因测序仪测序。测序结果用 Chromas 软件参照正反序列图谱人工校对。将测序得到的结果在 EzTaxonserver2.1 进行比对确定与已知序列的同源关系。

（4）采用 CLUSTALW 进行多序列比对，并利用 N-J 法通过 MEGA4 软件进行系统发育及分子进化分析。

由于前面这些方法筛选出的菌种只是从驱油效果方面进行评价，而菌种本身的性质并不了解，而且筛选的菌种之间可能会有重复，因此必须对筛选的菌种进行进一步的种属鉴定。首先对筛选的单菌种进行 16SrRNA 基因测序，所测得的基因序列从基因数据库中进行比对，根据所测菌株与相关的

16SrRNA 序列系统发育树来确定其种属。

实验对筛选的 9 株菌进行了种属鉴定，其中图 3-28 和图 3-29 分别为新筛选菌株 HB-2 的 DNA 序列及其与相关的 16SrRNA 序列系统发育树。

TGTGCCGCCGGCCTAAACATGCAAGTCGACGGCAGCACAGGGGAGCTTGCTCCCTGGGTGGCGAGTG
GCGAACGGGTGAGTAATGCATCGGAATCTGCCCAGTTGTGGGGGATAACGTAGGGAAACTTACGCTAA
TACCGCATACGACCTACGGGTGAAAGCAGGGGATCTTCGGACCTTGCGCGATTGGATGAGCCGATGTC
GGATTAGCTAGTTGGCGGGGTAAAGGCCCACCAAGGCGACGATCCGTAGCTGGTCTGAGAGGATGATC
AGCCACACTGGAACTGAGACACGGTCCAGACTCCTACGGGAGGCAGCAGTGGGGAATATTGGACAAT
GGGCGCAAGCCTGATCCAGCCATGCCGCGTGGGTGAAGAAGGCCTTCGGGTTGTAAAGCCCTTTTGTT
GGGAAAGAAAACTGCCGGTTAATACCCGGCGGGAATGACGGTACCCAAAGAATAAGCACCGGCTAA
CTTCGTGCCAGCAGCCGCGGTAATACGAAGGGTGCAAGCGTTACTCGGAATTACTGGGCGTAAAGCGT
GCGTAGGTGGTTCGTTAAGTCTGATGTGAAAGCCCTGGGCTCAACCTGGGAATTGCATTGGATACTGG
CGGGCTAGAGTGCGGTAGAGGGTGGCGGAATTCCCGGTGTAGCAGTGAAATGCGTAGAGATCGGGAG
GAACATCCGTGGCGAAGGCGGCCACCTGGACCAGCACTGACACTGAGGCACGAAAGCGTGGGGAGC
AAACAGGATTAGATACCCTGGTAGTCCACGCCCTAAACGATGCGAACTGGGATGTTGGGTGCAACTAG
GCACTCAGTATCGAAGCTAACGCGTTAAGTTCGCCGCCTGGGGAGTACGGTCGCAAGACTGAAACTC
AAGGAATTGACGGGGGCCCGCACAAGCGGTGGAGTATGTGGTTTATTTCGATGCAACGCGCAAAACC
TTACCTGGCCTTGACATCCACGGAACTTTCCAGAAATGGATTGGTGCCTTCGGGAACCGTGAGACAGG
TGCTGCATGGCTGTCGTCAGCTCGTGTCGTGAGATGTTGGGTTAAGTCCCGCAACGAGCGCAACCCTT
GTCCTTAGTTGCCAGCACGTAAAGGTGGGAACTCTAAGGAGACCGCCGGTGACAAACCGGAGGAAG
GTGGGGATGACGTCAAGTCATCATGGCCCTTACGGCCCAGGGCTACACACGTACTACAATGGGAAGGAC
AGAGGGCTGCGAACCCGCGAGGGCAAGCCAATCCCAGAAACCTTCTCTCAGTCCGGATCGGAGTCTG
CAACTCGACTCCGTGAAGTCGGAATCGCTAGTAATCGCAGATCAGCATTGCTGCGGTGAATACGTTCC
CGGGCCTTGTACACACCGCCCGTCACACCATGGGAGTTTGTTGCACCAGAAGCAGGTAGCCTAACCTT
CGGGAGGGCGCTGCCACGGGGGG

图 3-28　菌株 HB-2 的 DNA 序列

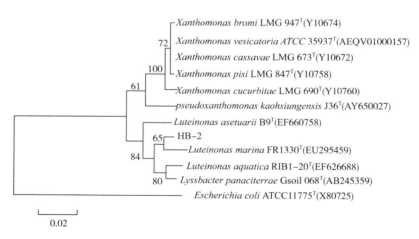

图 3-29　菌株 HB-2 的 16SrRNA 序列系统发育树

HB-2 的同源性分析：

96.8% *Luteinonas marina* FR1330^T（EU295459）

96.7% *Luteinonas aquatica* RIB1-20^T（EF626688）

96.5%*Luteinonasasetuarii*B9^{T}（EF660758）

96.2%*Lyssbacterpanaciterrae*Gsoil068^{T}（AB245359）

95.9%*Xanthomonaspisi*LMG847^{T}（Y10758）

95.9%*Xanthomonascassavae*LMG673^{T}（Y10672）

95.9%*Xanthomonasbromi*LMG947^{T}（Y10674）

95.9%*Xanthomonasvesicatoria*ATCC35937^{T}（AEQV01000157）

95.8%*Xanthomonascucurbitae*LMG690^{T}（Y10760）

95.8%*pseudoxanthomonaskaohsiungensis*J36^{T}（AY650027）

从同源性分析结果来看，在筛选的 12 株菌中有 3 株菌（HB-1、HB-2 和 HB-4）与模式菌株的最高同源性都小于 97%，从系统发育学角度出发，处于细菌分类"黄金分界线"上，故需借助其他鉴定手段综合判断并确定其分类地位。

以 HB-2 为例，该菌株生理生化特征与藤黄色单胞菌属内各种特征差异均较大，推测可能为该属内一新种，进一步的分析还包括形态学鉴定、生理生化鉴定、化学成分分析及 DNA-DNA 杂交实验。

测定方法：酶活性、糖发酵产酸和部分生化试验分别使用 APIZYM、API50CH（接种液为 APIAUX 培养基）、API20E 及 API20NE 鉴定试剂条按照使用说明进行操作。碳源利用试验采用 BiologGN2 微平板按照使用说明进行操作。生长温度、生长 pH 值、耐盐性和抗生素敏感性试验参考 KeunSikBaik2008 年文献方法进行。

3.5.1 菌种 HB-2 生理生化特征试验

一般来说，对一株从自然界或其他样品中分离纯化的未知菌种的鉴定要做以下几个方面工作：①个体形态观察，进行革兰氏染色，分辨是 G（+）菌还是 G（-）菌，并观察其形状、大小、有无芽孢及其位置等；②菌种形态观察，主要观察其形态、大小、边缘情况、隆起度、透明度、色泽、气味等特征；③做动力试验，看能否运动及其鞭毛着生类型（端生、周生）；④做生理生化反应及血清学反应实验。最后根据以上实验项目的结果，通过查阅微生物分类检索表，给未知菌进行命名。

生理生化反应实验就是使不同种类的细菌在对营养物质的利用、代谢产物的种类、代谢类型等方面表现出差异，故利用这些差异作为细菌分类鉴定的重要依据。通过生理生化实验可以了解细菌在不同底物环境中各种代谢途径和产物，细菌生化反应原理；根据细菌在培养基中生理生化特点来鉴定细菌。菌种 HB-2 生理生化特征试验见表 3-10。

表 3-10　菌种 HB-2 生理生化特征试验特征

厌氧生长（TSA）	-	氧化酶	+	接触酶	+	酪素水解	+
淀粉水解	-	吐温 80 水解	+	酪氨酸水解	+	精氨酸双水解酶	-
赖氨酸脱羧酶	-	鸟氨酸脱羧酶	-	H$_2$S 产生	-	脲酶	+^{w}
色氨酸脱氨酶	-	吲哚	-	V-P	+^{w}	明胶水解	+
硝酸盐还原	-	七叶灵水解	+				
酶活性							
碱性磷酸酶	+	酯酶（C4）	+	类脂酯酶（C8）	+	类脂酶（C14）	+
白氨酸芳胺酶	+	缬氨酸芳胺酶	+	胱氨酸芳胺酶	+	胰蛋白酶	+
胰凝乳蛋白酶	+	酸性磷酸酶	+	萘酚-AS-BI-磷酸水解酶	+	α-半乳糖苷酶	-
β-半乳糖苷酶	-	β-糖醛酸苷酶	-	α-葡萄糖苷酶	-	β-葡萄糖苷酶	-
N-乙酰-葡萄糖胺酶	+	α-甘露糖苷酶	-	β-岩藻糖苷酶	-		
生长温度							
15℃	-	20℃	+	30℃	+	37℃	+
42℃	+	45℃	+				
生长 pH 值							
pH5.0	-	pH6.0	+	pH7.0	+	pH8.0	+
pH9.0	+	pH10.0	+	pH11.0	+		
耐盐性（NaCl 生长）							
0%NaCl	+	1%NaCl	+	2%NaCl	+	4%NaCl	+
6%NaCl	+	8%NaCl	+^{w}	10%NaCl	+^{w}		
碳源利用							
α-环式糊精	-	糊精	+	肝糖	-	吐温 40	+
吐温 80	+	N-乙酰-D-半乳糖胺	-	N-乙酰-D-葡萄糖胺	+	核糖醇	-
L-阿拉伯糖	-	D-阿拉伯醇	-	D-纤维二糖	+	i-赤藓糖醇	-

74

D-果糖	+	L-海藻糖	-	D-半乳糖	-	龙胆二糖	+
α-D-葡萄糖	+	m-肌醇	-	α-D-乳糖	-	乳果糖	-
麦芽糖	-	D-甘露醇	-	D-甘露糖	-	D-蜜二糖	-
β-甲基-D-葡萄糖苷	-	D-阿洛酮糖	-	D-棉籽糖	-	L-鼠李糖	-
D-山梨醇	-	蔗糖	-	D-海藻糖	-	松二糖	+
木糖醇	-	丙酮酸甲酯	+	琥珀酸单甲酯	+	乙酸	+
顺式乌头酸	-	柠檬酸	-	蚁酸	+	D-半乳糖酸内脂	-
D-半乳糖醛酸	-	葡萄糖酸	-	D-葡萄糖胺酸	-	D-葡萄糖醛酸	
α-羟丁酸	+	β-羟丁酸	+	γ-羟丁酸	-	p-羟基苯乙酸	
衣康酸	-	α-丁酮酸	+	α-酮戊二酸	+	α-戊酮酸	
D,L-乳酸	+	丙二酸	-	丙酸	+	奎宁酸	
D-葡萄糖二酸	-	癸二酸	-	琥珀酸	+	溴代丁二酸	
琥珀酰胺酸		葡糖醛酰胺		L-丙氨酰胺		D-丙氨酸	
L-丙氨酸	-	L-丙氨酰甘氨酸	-	L-天门冬酰胺	-	L-天门冬氨酸	
L-谷氨酸	-	甘氨酰-L-天门冬氨酸	+	甘氨酰-L-谷氨酸	+	L-组氨酸	-
羟基-L-脯氨酸	-	L-亮氨酸	-	L-鸟氨酸	-	L-苯基丙氨酸	
L-脯氨酸	+	L-焦谷氨酸	-	D-丝氨酸	-	L-丝氨酸	+
L-苏氨酸	+	D,L-肉(毒)碱	-	γ-氨基丁酸	-	尿刊酸	
次黄苷/肌苷		尿苷		胸苷		苯乙胺	
腐胺	-	2-氨基乙醇	-	2,3-丁二醇	-	甘油	
D,L-α-磷酸甘油	-	α-D-葡萄糖-1-磷酸	+	D-葡萄糖-6-磷酸	+	癸酸	
己二酸	+	苹果酸	+	柠檬酸钠	-	苯乙酸	

符号说明：-表示阴性，+表示阳性，+w 表示弱阳性。

3.5.2 化学成分分析

测定方法：

（1）呼吸醌——高效液相色谱法（HPLC）。

（2）脂肪酸——全自动细菌鉴定系统脂肪酸成分分析法。

呼吸醌是细胞膜中起电子传递作用的组成成分，主要有两类呼吸醌：泛醌(辅醌 Q)及甲基萘醌(维生素 K)，每一种微生物都含有一种占优势的醌。采用高效液相色谱法(HPLC)对菌种 HB-2 的呼吸醌系统分析发现其侧链含有泛醌 Q-8 和 Q-9，其醌型符合 *Luteimonas* 属的化学特征，见图 3-30。

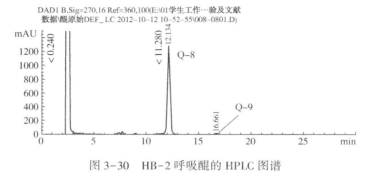

图 3-30　HB-2 呼吸醌的 HPLC 图谱

实验采用全自动细菌鉴定系统分析菌种 HB-2 的脂肪酸成分发现，其脂肪酸主要组成为支链脂肪酸 i-$C_{11:0}$ 和 i-$C_{15:0}$，将分析结果与已有文献报道对比可知，菌种 HB-2 的主要脂肪酸组分及其比例与现已报道的 *Luteimonas* 属内各个菌种之间存在明显的差异，见图 3-31。鉴于化学成分分析(化学分类)在细菌多相分类鉴定中的重要地位，可判断 HB-2 很有可能代表了 *Luteimonas* 属中的一个新种。

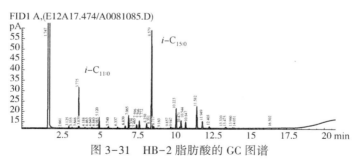

图 3-31　HB-2 脂肪酸的 GC 图谱

i-$C_{15:0}$：i-分支 13-甲基-14 碳烷酸；i-$C_{11:0}$：i-分支 9-甲基-10 碳烷酸

3.5.3　分子生物学鉴定

(1) GC 含量测定

近年来，随着分子生物学的不断发展，为细菌分类鉴定开辟了许多新途径，提供了许多新技术，如细菌脱氧核糖核酸(DNA)碱基成分分析、核酸分子杂交等。染色体 DNA 中鸟嘌呤（G）和胞嘧啶（C）占四种碱基总合的百分比是细菌分类的重要指标，也是细菌分类鉴定中的一种新方法。此法在国外早已发展，应用日见广泛，国内也越来越引起人们的重视。测定细菌 DNA 中 G+C 含量的方法很多团，热变性（或熔解）温度（简称 Tm）法操作简便、重复性好、精确度高，最为常用。目前已知的细菌 GC 含量在 25%~75%，一般认为，GC 含量≤3% 为种内差异，而≤10% 为属内差异。亲缘关系近的菌种，GC 含量一定相近。

实验采用热变性温度法（Tm 法）来测定 GC 含量，测定过程为：提取、纯化基因组 DNA→用 0.1×SSC 缓冲液调整 DNA 浓度→加热变性→读取数据→计算 GC 含量。实验采用参比菌株为 *E. coli*K12（GC 含量约为 51.2%）。菌株 HB-2 及参比菌株 *E. coli*K-12 的热变性温度曲线见图 3-32。

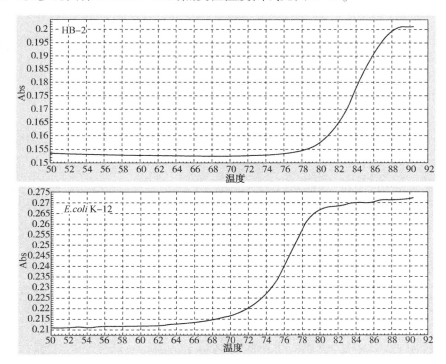

图 3-32　菌株 HB-2 及参比菌株 E. coliK12 的热变性温度曲线

从图 3-32 可以得出，菌株 HB-2 及参比菌株 E. coliK12 的热变性温度分别为 83.9℃和 76.3℃，计算得到菌株 HB-2 的 G+C mol%=67.0，与已报道的近缘属种 GC 含量相近。

（2）DNA-DNA 杂交

在双链 DNA 经热变性成为单链状态以后，放在适当的盐类浓度和温度的条件下由于碱基间重新形成氢键，两条单链的 DNA 又会恢复成原来的 Watson-Crick 型的双链结构。不同种类的 DNA 由于链与链之间碱基排列不同，放在一起因为对应的部分没有互补的碱基顺序，所以不能形成双链结构。因此采用适当的方法，鉴定双链结构的形成可以了解 DNA 分子间的碱基顺序的相同程度。测定方法如下：

① 菌体 DNA 抽提

采用溶菌酶破壁、CTAB 法混合抽提，DNA 沉淀溶于 0.1SSC 缓冲液中备用。

② DNA 纯度分析

将抽提的 DNA 样品分别测其 260nm、280nm、230nm 的吸光度，纯度要求为 $A_{260}：A_{280}：A_{230}=1.0：1.515：0.450$，DNA 浓度要求在 $A_{260}=1.5~2.0$（约 50μg/mL）。

③ 复变速率法测定 DNA 样品的同源性

DNA 样品预处理：剪切 DNA 样品，使片段大小介于 $2~5×10^5$ dalton。

DNA 变性：取样品 A、B 各 1.5mL 分别装到两试管，再取 A、B 各 0.75mL 装在同一只试管中混匀为 M。三个样品分别置于沸水浴中变性 15min，用预热吸管吸取 10×SSC0.36mL 分别加入上述变性样品中，使终浓度为 2×SSC，继续变性 5min，立即上样。

测定 DNA 复变速率：样品在 260nm 处，用可加热的比色杯达到最适复变温度 Tor（Tor=47.0+0.51×（G+C%））时的吸光度作为 0，每隔 3min，记录一次 A_{260} 吸光度。一般线性区域在 0~45min 范围内，0~30min 为测量段。

计算：以 $A_{260}-T$ 作图，得出一条直线，求出直线的斜率即为 DNA 的复性速率（用 V 表示），复变速率（V）=（0 时吸光度-30min 时吸光度）/30，得到 V_a、V_b、V_m，并用以下公式计算 DNA-DNA 杂交度（$H\%$）

$$H\% = [4V_m-(V_a+V_b)]/2(V_aV_b)^{1/2}$$

经分析计算可知，HB-2 与近源菌种 BCRC17731^T、&JCM12488^T 及 DSM19680^T 的杂交度分别为 52.6%、54.0% 和 50.0%，均小于 70%，因此可以判断所分离的菌种 HB-2 为 *Luteimonas* 属中的一个新种，见图 3-33。

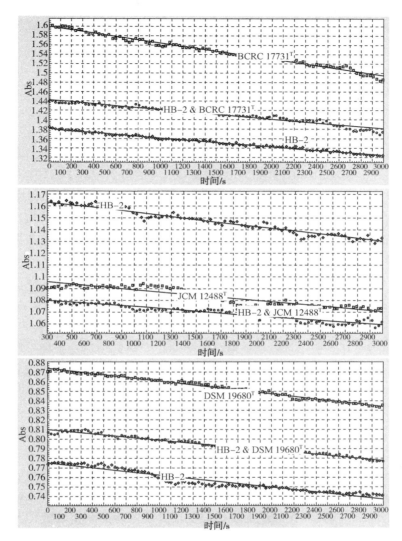

图 3-33 菌种 HB-2 与近源菌种 BCRC17731T、JCM12488T 及 DSM19680T 的同源性分析

3.6 菌种的保藏、传代及复壮

3.6.1 菌种保藏

对于筛选的优良微生物菌种必须进行保藏，由于微生物具有容易变异的

特性，因此，在保藏过程中，必须使微生物的代谢处于最不活跃或相对静止的状态，才能在一定的时间内使其不发生变异而又保持活性。低温、干燥和隔绝空气是使微生物代谢能力降低的重要因素。所以，菌种保藏方法虽多，但都是根据这三个因素而设计的。

对于采油微生物菌种一般采用以下四种保藏方法：

(1) 斜面低温保藏法

将菌种接种在适宜的固体斜面培养基上，待菌充分生长后，棉塞部分用油纸包扎好，移至 2~8℃的冰箱环境中保藏。至少要每隔 3 个月转接一次。

优点是操作简单，使用方便，不需特殊设备，能随时检查所保藏的菌株是否死亡、变异与污染杂菌等。缺点是容易变异，因为培养基的物理、化学特性不是严格恒定的，屡次传代会使微生物的代谢改变，而影响微生物的性状；污染杂菌的概率亦较大。

(2) 液体石蜡保藏法

① 将液体石蜡分装于三角烧瓶内，塞上棉塞，并用牛皮纸包扎，121℃ 灭菌 30min，然后放在 40℃温箱中，使水汽蒸发掉，备用。

② 将需要保藏的菌种，在最适宜的斜面培养基中培养，以得到健壮的菌体或孢子。

③ 用灭菌吸管吸取灭菌的液体石蜡，注入已长好菌的斜面上，其用量以高出斜面顶端 1cm 为准，使菌种与空气隔绝。

④ 将试管直立，置低温或室温下保存（有的微生物在室温下比冰箱中保存的时间还要长）。

此法实用、效果好、制作简单、不需特殊设备且不需经常移种。缺点是保存时必须直立放置，所占位置较大，同时也不便携带。从液体石蜡下面取培养物移种后，接种环在火焰上烧灼时，培养物容易与残留的液体石蜡一起飞溅，应特别注意。

(3) 冷冻干燥保藏法

① 准备安瓿管。用于冷冻干燥菌种保藏的安瓿管宜采用中性玻璃制造，形状可用长颈球形底的，亦称泪滴形安瓿管，大小要求外径 6~7.5mm，长 105mm，球部直径 9~11mm，壁厚 0.6~1.2mm。也可用没有球部的管状安瓿管。塞好棉塞，1.05kg/cm^2，121℃灭菌 30min，备用。

② 准备菌种。用冷冻干燥法保藏的菌种，其保藏期可达数年至十数年，为了在许多年后不出差错，所用菌种要特别注意其纯度，即不能有杂菌污染，

然后在最适培养基中用最适温度培养，培养出良好的培养物。细菌要求超过对数生长期，若用对数生长期的菌种进行保藏，其存活率反而降低。一般细菌要求培养24~48h。

③ 制备菌悬液与分装。以细菌斜面为例，向斜面试管加入2mL左右脱脂牛乳，制成浓菌液，每支安瓿管分装0.2mL。

④ 冷冻。冷冻干燥器有成套的装置出售，价值昂贵，此处介绍的是简易方法与装置，可达到同样的目的。

⑤ 将分装好的安瓿管放入低温冰箱中冷冻，无低温冰箱可用冷冻剂如干冰（固体CO_2）酒精液或干冰丙酮液，温度可达-70℃。将安瓿管插入冷冻剂，只需冷冻4~5min，即可使悬液结冰。

⑥ 真空干燥。为在真空干燥时使样品保持冻结状态，需准备冷冻槽，槽内放碎冰块与食盐，混合均匀，可冷至-15℃。安瓿管放入冷冻槽中的干燥瓶内。

⑦ 封口。抽真空干燥后，取出安瓿管，接在封口用的玻璃管上，可用L形五通管继续抽气，约10min即可达到26.7Pa（0.2mmHg）。于真空状态下，以煤气喷灯的细火焰在安瓿管颈中央进行封口。封口以后，保存于冰箱或室温暗处。

此法为菌种保藏方法中最有效的方法之一，对一般生存能力强的微生物及其孢子以及无芽孢菌都适用，即使对一些很难保存的致病菌，如脑膜炎球菌与淋病球菌等亦能保藏。适用于菌种长期保存，一般可保存数年至十余年，但设备和操作都比较复杂。

（4）滤纸保藏法

① 将滤纸剪成0.5×1.2cm的小条，装入0.6×8cm的安瓿管中，每管1~2张，塞以棉塞，1.05kg/cm²，121.3℃灭菌30min。

② 将需要保存的菌种，在适宜的斜面培养基上培养，使充分生长。

③ 取灭菌脱脂牛乳1~2mL滴加在灭菌培养皿或试管内，取数环菌苔在牛乳内混匀，制成浓悬液。

④ 用灭菌镊子自安瓿管取滤纸条浸入菌悬液内，使其吸饱，再放回至安瓿管中，塞上棉塞。

⑤ 将安瓿管放入内有五氧化二磷作吸水剂的干燥器中，用真空泵抽气至干。

⑥ 将棉花塞入管内，用火焰熔封，保存于低温下。

⑦ 需要使用菌种，复活培养时，可将安瓿管口在火焰上烧热，滴一滴冷水在烧热的部位，使玻璃破裂，再用镊子敲掉口端的玻璃，待安瓿管开启后，取出滤纸，放入液体培养基内，置温箱中培养。

细菌、酵母菌、丝状真菌均可用此法保藏，前两者可保藏 2 年左右，有些丝状真菌甚至可保藏 14～17 年之久。此法较液氮、冷冻干燥法简便，不需要特殊设备。

3.6.2　菌种传代及复壮

对于不同方法保藏的菌种在间隔一定时间时都需要进行传代操作以保持菌种的活性，然而菌种在传代过程中，因遗传物质发生变异而引起的使原有的优良性状渐渐消失或变坏，会出现长势差、产量不高、质量不好、子实体丛生等现象。这些现象人们泛称为"退化"。"退化"是一个群体概念，即培养中子实体群体中有少数子实体与亲本不同，不能算退化，只有相当一部分乃至大部分个体的性状都明显变劣，群体生长性能显著下降时，才能视为菌种退化。菌种退化往往是一个渐变的过程，菌种退化只有在发生有害变异的个体在群体中显著增多以至占据优势时才会显露出来。因此尽管个体的变异可能是一个瞬时的过程，但菌种呈现"退化"却需要较长的时间。

菌种发生退化的原因：

（1）菌种混杂。在菌种继代培养过程中，不同品种间交叉感染，导致不同品种的菌丝体混杂在一起，菌丝生长发生变异，导致原有品种生产性状的改变，常常表现出产量下降、质量变劣等。

（2）有害突变的发生。一般来说，一个正常菌株经过多代移植，不会导致遗传性状的改变。但是如果一个菌株的菌丝细胞中发生有害突变，而且突变体能适应外界环境条件。那么，随着移接次数的增加，有害突变体在菌丝细胞群中所占的比例会逐渐增大。这样，该菌株的生产性能就会随之恶化，退化现象就逐渐显现出来。

（3）杂交菌株的双亲核比例失调。杂交菌株的菌丝体在转管过程中，受到外界环境、营养条件等改变的影响，其中一个亲本的核发育正常逐渐占据优势，而另一亲本的核可能不适应而逐渐减弱，这样导致双核比例的失调，随着扩管代数的增加，核比例失调逐渐扩大，最终导致在栽培中表现出退化现象。

（4）病毒的感染。菌种感染病毒后，病毒不仅会随着菌丝体的扩大繁殖而增加，而且会通过带毒孢子传染下一代。当菌种携带一定浓度的病毒粒子，在栽培中都会表现出明显减产，如质量下降等退化现象。

防止菌种退化的措施：

（1）要防止菌种的混杂。在菌种转管过程中应加强品种隔离，减少品种间的混杂，以保证优良品种的遗传组成在较长时间内能保持足够的稳定。

（2）控制菌种传代次数。菌种传代次数越多，产生变异的概率就越高，因此菌种发生退化的概率就会越多，生产中应严格控制菌种的移接代数。

（3）采用有效的菌种保藏方法保存菌种。菌种保存应是短期、中期和长期三者相结合，根据不同的要求从不同保藏方法中进行扩增和移接，确保菌种能长期保持该品种的原有优良性状。

（4）创造菌种生长良好营养条件和外界环境。菌种培养基的营养条件应适宜，才能使菌种生长健壮，减少退化的发生。营养不足和过于丰富对菌种生长均不利。菌种的生长繁殖受到物理、化学、生物等外界条件的影响，如条件适宜，菌种生长正常，不易退化，不相适宜，则会引起菌种的退化。

对于已发现功能退化的菌种则需要进行复壮，具体方法是：

（1）菌丝尖端分离进行提纯复壮。在显微镜下应用显微操作器把菌丝尖端切下转移至新瓶的 PDA 培养基上培养，这样可以保证该菌种的纯度，并且可以起到脱病毒的作用，使菌种保持原有品种的遗传物质，恢复原来的生活力和优良种性，达到复壮的目的。

（2）适当更换培养基。长期在同一培养基上继代培养的菌种，生活力可能逐渐下降。将碳源、氮源、碳氮比、维生素、矿物质营养作适当调整，对因营养基质不适而衰退的菌种，有一定的复壮作用。

（3）菌种分离。要有计划地把无性繁殖和有性繁殖的方法交替使用，反复进行无性繁殖菌种会不断衰退，因此必须定期进行菌种的分离筛选，从中优选出具有该品种原来优良性状的新菌株，逐渐替代旧菌株，这样就可不断地使该品种得到恢复，长期使用。

以产脂肽表面活性剂菌种 LC 在保藏传代及复壮过程中的功能变化为例。该菌种在 2009 年从油田产出液中筛选出，通过室内评价发现该菌种能够产生脂肽表面活性剂，在优化的营养液配方体系下其产量可以达到 350mg/L，并且对巴 51 原油具有良好的降黏乳化效果，物模驱油结果发现，其对原油采收率可以提高 9.5% 左右，是一株性能优良的高效采油菌，然而在现场应用过程中发现，该菌种经过 2 年左右的长期保藏及传代操作，其功能明显退化，结果见图 3-34。实验发现，退化后的菌株在相同条件下微生物增殖速度降低，主要代谢产物下降了60%以上，而且采收率效果也明显降低。为了恢复该菌种功能，实验对其进行了复壮，包括对菌株的反复分离纯化及培养基的进一步优化，结果功能得到有效恢复，尤其菌浓的增殖速度及提高原油采收率方面甚至超过了初始菌种。

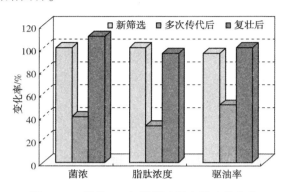

图 3-34　菌种 LC 在保藏过程中的功能变化

3.7　菌种配方优化

从作用机理看，各菌种不尽相同，在理论上可以通过复配优化，增强协同效益。按正交法将菌种复配，以乳化效果、降黏率高低，或通过单管岩心驱油物模，以采收率提高值作为优化标准。

3.7.1　菌种配伍性实验

实验方法：在琼脂平板上取不同的菌液滴在滤纸上，38℃ 培养 48h 后，如果有抑菌圈，说明有拮抗。菌种 LC、JH、HB3、IV、H 和 Z-2 之间的配伍性实验结果如图 3-35 所示，从实验结果可以看出，这 6 种菌之间没有产生抑菌圈，说明其拮抗相容性良好，可以复配使用。

3.7.2　菌种复配驱油效果

（1）菌种 HB3、IV、H 和 Z-2 复配效果

根据所筛选几种菌株的自身特点及油藏环境，针对巴 19、巴 38 和巴 48 断块，实验将菌种 HB3、IV、H 和 Z-2 进行复配，通过物模驱油实验来考察菌种比例对原油乳化及提高采收率效果，结果见表 3-11。

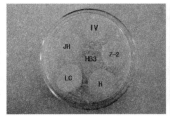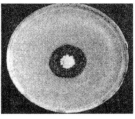

图 3-35 菌种配伍性实验

表 3-11 不同比例菌种 HB3、IV、H 和 Z-2 复配效果

编号	HB3∶IV∶H∶Z-2	提高采收率	乳化等级
1	3∶1∶1∶1	14.6	5
2	2∶1∶1∶1	17.2	4
3	1∶1∶1∶1	19.8	5
4	1∶2∶1∶1	13.6	4
5	1∶3∶1∶1	17.8	5
6	1∶1∶2∶1	12.8	4
7	1∶1∶3∶1	13.4	4
8	1∶1∶1∶2	11.2	4
9	1∶2∶1∶3	12.2	4
10	3∶2∶1∶1	15.6	5
11	3∶2∶2∶1	12.6	4
12	1∶2∶2∶1	18.9	5
13	1∶3∶2∶2	14.8	4
14	1∶2∶1∶3	15.0	5

由表 3-11 可以看出，将这 4 种菌种按不同比例混合后，其对原油的乳化和提高原油采收率效果都有明显的差异，其中将这 4 种菌按 1∶1∶1∶1 混合后效果最佳，其中提高采收率达到了 19.8%，乳化效果达到了 5 级。相对于单一菌株(见图 3-36)，经复配后的混合菌株在提高原油采收率方面有了明显提高。

(2)菌种 LC 和 JH 复配效果

针对巴 51 断块采用菌种 LC 和 JH 进行复配，通过物模驱油实验来考察菌种比例对原油乳化和提高采收率效果的影响，结果见表 3-12。由实验结果可以看出，经复配后的菌株根据比例不同，其对原油乳化和提高采收率效果也有较大差异，其中当菌株 LC 与 JH 按 1∶1 进行复配时效果最佳，提高采收率达到了 19.0%，而且发酵液的乳化效果最佳，形成水包油乳液，油水完全混溶。

表 3-12　不同比例菌种 LC 和 JH 的复配效果

编号	JH∶LC	提高采收率	乳化等级
1	1∶3	18.4	4
2	1∶2	14.6	4
3	1∶1	19.0	5
4	2∶1	12.6	4
5	3∶1	12.4	5

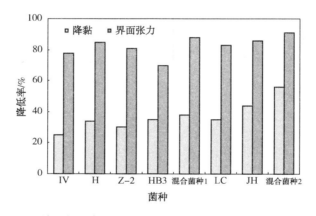

图 3-36　单一与混合菌株对原油降黏率和界面张力降低率的比较

图 3-36 为单一与混合菌株对原油降黏率和界面张力降低率的比较，从结果可以明显看出，相对于单一菌种，混合菌种无论在降黏率和界面张力降低率方面都有更好的效果，因此，为了发挥菌种的协同作用，现场针对巴 19、巴 38 和巴 48 断块采用菌种 HB3、IV、H 和 Z-2 进行 1∶1∶1∶1 复配使用，而针对巴 51 断块采用菌种 LC 和 JH 进行 1∶1 复配。

3.7.3　营养液配方优化

3.7.3.1　碳源筛选优化

碳源，是指一切能满足微生物生长繁殖所需碳元素的营养物的总称。在微生物细胞中，碳含量约占细胞干重的 50%，碳源是除水分外需要量最大的营养物，又称大量营养物。影响细菌代谢产物的一个非常重要的因素是采油微生物需要利用的碳源成分。采油微生物需要的碳源可以是糖类或原油本身提供。微生物可利用的碳源虽广，但微生物在元素水平上的最适碳源则是"C·H·O"型。具体地说，微生物最广泛利用的碳源是"C·H·O"型中的糖类，其次是醇类、脂类和有机酸类等。碳源的种类和添加量不仅影响微生物增殖速度，而且还直接影响到代谢产物种类和代谢量，因此，为了能够筛选出适合所筛选微生物菌种生长繁殖而提高采收率的碳源，实验选择常见且价格低廉的葡萄糖、蔗糖、玉米粉、糖蜜和原油为碳源，通过测定所筛选的微生物菌种的生长情况、代谢表面活性剂量及对原油的降黏乳化效果来对碳源进行优化。

以菌种 HB-2 为例，在碳源加量为 1% 条件下，其在不同碳源条中的生物表面活性剂产量及生物量见图 3-37，从结果可以看出，这五种常见的碳源可以促进菌株 HB-2 的生长及生物表面活性剂的生产。然而，不同碳源的产量差异很大。其在葡萄糖、蔗糖、玉米粉、糖蜜和原油中的生物表面活性剂产量分别为 2.52g/L、2.21g/L、1.75g/L、2.08g/L 和 0.32g/L。其中以葡萄糖为碳源时，生物表面活性剂的产量最高，而玉米粉和糖蜜的成本较低。因此，在实际应用中，可以根据成本和应用效果综合考虑。

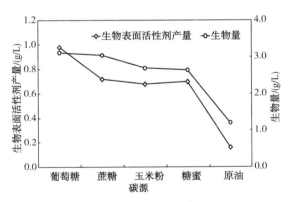

图 3-37　不同碳源对生物表面活性剂产量及微生物量的影响

糖蜜作为速效碳源在内源微生物采油中已有应用，由于富含大量可溶性糖、维生素和多种氨基酸类物质，可促进好氧微生物生长，厌氧微生物也可利用糖蜜为底物产酸产气，因此兼顾了油藏微生物从好氧到厌氧阶段的营养需求。对产出液中的营养组分分析表明地层水中缺乏微生物生长所必需的氮磷源，同时还存在一定数量的有害菌群硫酸盐还原菌，通过添加硝酸盐和磷酸盐不仅可以增微生物生长所需的氮源和磷源，而且能同时抑制硫酸盐还原菌的生长。由此，选择的主激活体系为糖蜜+硝酸盐+磷酸盐，同时添加少量的酵母粉作为生长因子，各个组分的具体添加量通过后续试验来确定。为了对碳源糖蜜添加量进行优化，实验在其他组分加量一定情况下，通过改变糖蜜的加量来考察不同菌种的生长情况及其对原油的乳化效果，结果见表3-13。

表3-13 糖蜜浓度对内源菌激活作用的影响

试验号	糖蜜/%	菌浓/（cells/mL）	原油乳化等级
1	1.5	9.1×10^8	5
2	1.2	6.9×10^8	5
3	0.8	5.5×10^8	4
4	0.6	3.13×10^8	4
5	0.4	8.8×10^7	3
6	0.2	0.65×10^7	2
7	地层水	0.15×10^5	0

3.7.3.2 氮源和磷源筛选优化

微生物培养基除了所需的主要成分碳源外，还需要由水、氮源、无机盐及其他成分。其中氮源主要用于构建菌体细胞物质（氨基酸、蛋白质和核酸等）和含氮代谢物，可分为有机氮源和无机氮源。有机氮源除含有丰富的蛋白质、多肽和游离氨基酸外，还含有少量糖类、脂肪、无机盐、维生素及某些生长因子。大部分有机氮源是农副产品的副产物，由于原料来源和加工条件的不同，成分上存在一定的波动。氮源在工业发酵调控中的作用主要体现在以下几个方面：

（1）促进生长，调节初级代谢及次级代谢的通量。氮源通过提供中间代谢物（前体），如核苷酸、氨基酸、糖、乙酰CoA等，生成核酸、蛋白质、多糖、脂质等物质，直接用于微生物的生长；或者由前体物质作用于次级代谢物的合成途径。

（2）控制合适水平，启动次级代谢产物形成。储教授提出了几种假想机制：比生长速率下降、限制性养分的耗竭、几种调节因子的联合作用（cAMP，碳源，氮源，或磷源的同化速率）、严谨响应、微生物信号因子。

（3）控制生长速率，影响菌型形成，从而影响发酵液流变特性。

（4）影响供氧水平，增加功率消耗。

因此，根据不同菌种对不同氮源的利用度、利用速率不同，针对具体的发酵产品或行业，应选择不同的氮源或氮源组合。实验以 0.5% 的糖蜜作为碳源，分别考察氯化铵、尿素、硝酸钾和蛋白胨等几种氮源的种类及浓度对微生物生长及代谢产物的影响，结果见图 3-38 和图 3-39。

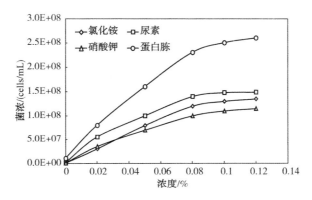

图 3-38　不同氮源对微生物生长的影响

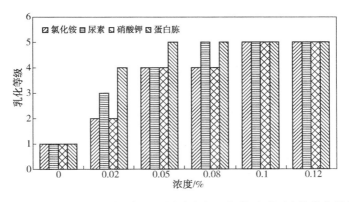

图 3-39　微生物在不同种类及不同浓度氮源条件下对原油的乳化效果

从图 3-38 可以看出，当分别以氯化铵、尿素、硝酸钾和蛋白胨为氮源时，随着氮源浓度的增加，菌浓也明显增加，当氮源浓度达到 0.08% 以上时菌浓增加变化不大，但这 4 种氮源对微生物的增殖效果有较大差异，其中蛋白胨效果最佳，其次是尿素、氯化铵及硝酸钾。

图 3-39 为微生物在不同氮源及不同浓度下对原油的乳化效果，从图中可以看出，随着氮源用量的增加，原油的乳化等级也逐渐增加，当其浓度达到

0.1%以上时，微生物发酵液对原油的乳化等级都能达到 5 以上。从氮源的种类比较来看，由于蛋白胨富含有机氮化合物，同时还含有一些维生素和糖类，是微生物培养基的主要原料，因此其对微生物的增殖和代谢效果最佳。其次是尿素，但考虑到蛋白胨的成本很高，因此综合考虑，推荐现场采用尿素作为氮源。

3.7.3.3　营养液浓度优化

为了考察营养浓度对细菌生长和代谢的影响，实验固定营养液中各组分比例(葡萄糖 0.6%、蛋白胨 0.1%、氯化铵 0.1%、酵母膏 0.08%、磷酸氢二钾 0.02%，pH7～7.5)，然后通过改变营养液总浓度来考察其对混合菌种(JC：JH=1：1)的生长及代谢情况的影响，结果见图 3-40。

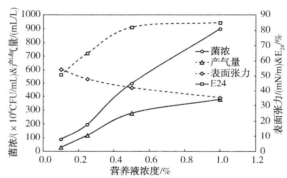

图 3-40　营养液总浓度对菌浓、产气量、发酵液表面张力及乳化活性的影响

菌种：(LC：JH=1：1，v/v)，培养温度 50℃，培养时间 48h

如图 3-40 所示，当营养液浓度从 0.1% 变为 1.0% 时，菌浓从 1.0×10^8 cells/mL 增加到 8.9×10^8 cells/mL，且近似呈线性增长。随着营养物质浓度的增加，气体产量也显著增加，这主要归因于细菌密度的增加。另一方面，随着营养液浓度的增加，发酵液的表面张力由 54.5mN/m 下降到 35.2mN/m，乳化指数 E_{24} 的增加也反映了这一点。这些结果清楚地表明了营养浓度对微生物代谢产物的显著影响。

从菌浓随营养液浓度变化的趋势来看，即使营养液浓度为 0.1%，菌浓也可达到 10^8 数量级，表明 0.1% 的营养液浓度足以维持微生物的生长繁殖，但从微生物代谢产物和发酵液的活性可以看出，随着营养液浓度的增加，不仅菌浓可以继续增加，微生物产气量和乳化活性也都显著增加，发酵液表面张力下降，说明要想在维持微生物高速生长繁殖的同时还能代谢大量有益产物，则必须增大营养液浓度。但从图上还可以看出，当营养液浓度达到 1.0% 左右时这种变化趋于平缓，这表明 1.0% 的营养液浓度比较适合现场应用。与其他现场试验中常用的 2%~4% 的养分浓度相比，1% 的养分浓度不但可以显著降低应用的成本，而且不影响提高采收率效果。

　　根据营养液配方体系优化结果，综合考虑成本因素，推荐现场采用的营养液配方为：糖蜜 0.6%、蛋白胨 0.1%、尿素 0.1%、酵母膏 0.08%、磷酸氢二钾 0.02%，pH7~7.5。

第4章

微生物凝胶组合驱先导性试验及效果评价

为了探索能够使宝力格油田稳产的有效途径，华北油田公司自 2007 年开始，针对性地选择了部分具有代表性的油水井，依次开展了单井微生物吞吐、微生物驱、凝胶驱及凝胶微生物组合驱等技术措施的先导性试验，同时对现场工艺过程及实际效果进行了跟踪监测和评价，结果表明，这些措施都取得了较好的效果。

4.1　微生物吞吐现场试验

微生物吞吐提高油井采收率的方法就是将预先筛选和配制好的微生物菌液、营养液、顶替液从待处理的生产井井筒中注入井底附近的地层中，然后关井一段时间，待微生物在地下完成了生长、繁殖、代谢等过程，对地下原油及储油岩石产生作用后，再开井进行采油生产。当油井产量下降到一定程度后，再进行下一轮的注入，如此循环进行。

微生物单井处理技术能改善原油物性，起到降黏、防蜡、降低油井负荷的作用，从而提高油井的生产效率，是目前现场应用最多的一种微生物提高采收率技术。

4.1.1　微生物单井吞吐工艺过程

微生物单井吞吐是首选将地面筛选优化的微生物菌种和营养液从生产井注入地层后，再关井一段时间，在关井期间微生物将在地层环境下生长、繁殖、代谢，同时会产生气体、有机酸、有机溶剂、生物表面活性剂、生物聚合物等代谢产物。由于有气体产生，地层压力增大，微生物和代谢产物将随注入液一起向地层深处运移，扩大作用范围。

开井生产以后，由于上述作用，井底周围地层中原油黏度降低，岩石渗透率增加，地层能量增加，原油的流动性增加，而水的流动能力相对下降，从而使油井的产量上升，地层残余油饱和度下降。

在开井生产过程中，一部分微生物及代谢产物随原油和水一起被采出地面，还有一部分微生物及营养液会继续留在地层中进行生长、繁殖和代谢的生化反应，为下一个吞吐周期提供基础。

微生物单井吞吐最大的优势在于生产工艺简单、便于操控、注入液的用量相对较少、生产周期短及见效快。而且微生物及营养液主要集中在近井地带，菌浓和营养液浓度相对较高，作用效果明显。因此，在一个油田微生物采油试验的初级阶段一般多采用此方法。

然而，由于微生物吞吐的注入和开采是在同一口井上进行的，微生物所能处理的地层范围较小，而且关井操作往往会影响油井产量，故一般不宜进行长期的工业化生产，这也是阻碍该技术在油田现场大规模推广应用的根本原因。

4.1.2 微生物吞吐选井原则

微生物单井吞吐一般选择用其他采油方法，产量都较低的油井，同时还应考虑以下因素：

(1) 井底附近地层区域内含有一定量的残余油可供开采；

(2) 原油中含有较多的重组分，如石蜡、沥青质等；

(3) 油井有一定的含水；

(4) 油层的地质条件(孔隙度、渗透率、孔隙结构大小、地层压力、地层温度等)适合于微生物开采；

(5) 具有完好的井身结构和完善的井口装置。

微生物吞吐具体选井条件见表4-1。

表4-1 微生物吞吐选井条件

项　　目	油藏筛选条件
油层温度	$<70℃$
油井含水	$25\%～90\%$
含蜡量	$>5\%$
胶质沥青质	$<50\%$
地层水矿化度	$<10^5 mg/L$
岩石渗透率	$(50～2700)×10^{-3} \mu m^2$
原油密度	$<0.9626 g/cm^3$
残余油饱和度	$>28\%$
砷、汞、镍、硒含量	$<15 mg/L$

4.1.3 菌液筛选

(1) 由于微生物吞吐的特殊性，应考虑所选菌种在地层条件下的繁殖、代谢到所需浓度时所需要的时间，以减少油井的关井时间，提高油井的利用率。

（2）要考虑油气层的条件，分析影响原油产出的主要矛盾，根据主要矛盾来选择相对应的微生物菌种，如地层非均质性较强，长期注水导致在地层中产生了优势通道，含水率上升太快，则应选择能够代谢生物聚合物的菌种，微生物在地下生长繁殖过程中产生的生物聚合物可以起到有效堵水调剖的作用；如原油物性(重组分多)是主要影响因素，则应选择对原油具有较好降解作用的微生物菌种，以利于降低原油黏度，提高其流动性；如润湿性是主要影响因素，则应选择能够代谢生物表面活性剂的微生物菌种，以利于其增加岩石润湿性及洗油能力。

4.1.4 微生物吞吐注入方式

微生物吞吐在实际生产中多以生产井的油套环形空间为注入通道，通常有以下几种注入方式：

（1）一次性混合注入。将菌液和营养液按一定比例和浓度充分混合后，一次性地通过油套环形空间注入地层，然后关井处理地层一段时间，再开井生产。这种注入工艺简单、省时，因此也是目前最常用的微生物单井吞吐注入方式。

（2）多次混合注入。把菌液和营养液分批多次地通过油套环形空间注入地层，然后关井处理地层一段时间，再开井生产。

（3）不关井注入。把菌液和营养液分批多次地通过油套环形空间注入地层，不关井。

在实际操作中采用何种注入方式应根据具体的地层条件和菌液的性质来确定。例如，吉林油田扶余采油厂进行的微生物吞吐试验采用的就是油套环形空间一次性混合注入。

4.1.5 微生物吞吐现场注入工艺流程

（1）现场配套装置

微生物吞吐注入设备一套，包括柱塞泵、运送液体罐车若干台，各种连接管线和阀门，便携式高温蒸汽发生器，各种专用工具、生产井等。

（2）操作方法

设备进入现场，按流程图(图4-1)所示位置摆放，首先连接管线，用便携式高温蒸汽发生器对整个管线及其附属的阀门等部件进行高温灭菌，以防止杂菌的影响；然后开启柱塞泵，打开连接菌液和营养液的阀门，将菌液和营养液按一定比例混合后再注入地层；待菌液和营养液注完后，打开连接顶替液的阀门,向井中注入顶替液,注入量根据地层孔隙度和注水速度决定;注入结束后停泵,拆卸管线、设备,离开现场;关井一段时间(视微生物性能、室内实验结果及井下地质条件确定,一般为3~5d),待微生物处理地层;最后开井生产,记录各项生产数据,并分析微生物作用效果。

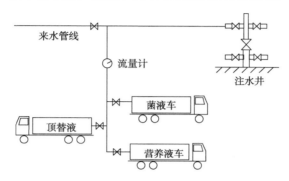

图4-1 微生物吞吐井口注入工艺流程

4.1.6 现场试验

根据微生物吞吐试验选井原则在宝力格油田巴19和巴51断块选择25口油井进行微生物吞吐先导试验,其中巴19断块选择5口井,巴51断块选择20口井,考虑原油物性的变化,试验井具有一定的代表性和覆盖面,井位分布见图4-2。

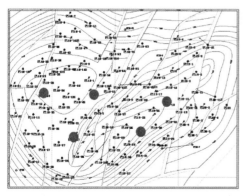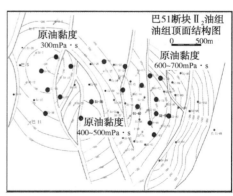

图4-2 巴19(左)和巴51(右)断块微生物吞吐实验油井分布图

(1)微生物吞吐现场实施工艺

① 工作液:菌种,使用浓度5%;巴51断块菌种为JH、LC;巴19断块

菌种为 HB3、Ⅳ、Z-2、H；营养液，蛋白胨 0.15%，氯化铵 0.1%，酵母膏 0.2%，K_2HPO_4 0.04%，NaH_2PO_4 0.12%。

② 注入量：巴 51 断块，按 50m 裂缝两侧各进入油层 0.5m；厚度选择有效油层厚度计算空隙体积；巴 19 断块，按平面径向流，处理半径 2m，计算孔隙体积。

③ 注入工艺：水泥车油套环空注入工作液，直到井口取样观察到注入液，然后继续按设计注入微生物溶液，用水顶替到地层。

④ 关井反应时间：综合评价各种因素，关井时间设计为 3d。

（2）效果评价

为了考察微生物吞吐效果，现场对实施的 25 口井的原油产量，含水率及原油物性进行了跟踪监测，结果发现，实验的 25 口井中见效 21 口井，见效率占 84%。见效特征表现为日产液、油上升，含水下降，电流下降，原油黏度降低，累计阶段增油 3650.2t，平均单井增油 146t。结果见图 4-3~图 4-7。

从巴 19 断块 5 口油井微生物吞吐前后等效生产曲线可以看出，微生物作用前，试验油井的采收率呈明显递减趋势，含水率上升很快，但经过微生物吞吐作业后原油产量显著提高，综合含水下降明显，由 60.1% 下降至 57.3%，含水率上升得到有效控制。而且原油物性得到有效改善，其中巴 19 断块 5 口井全部见效，平均原油黏度下降 43.8%，含蜡量下降 17%，胶质沥青下降 2.56%。巴 51 有 16 口有效井，降黏率 14%~76%，多数在 30% 左右，平均降黏率为 41.14%。

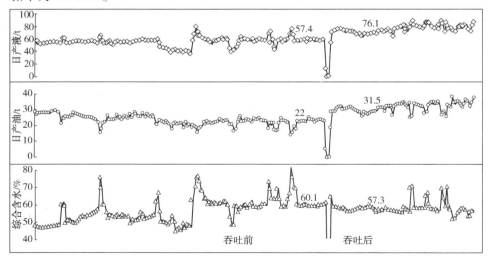

图 4-3　巴 19 断块微生物吞吐等效生产曲线

98

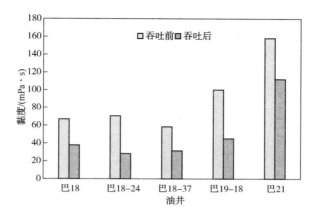

图 4-4　巴 19 断块 5 口井微生物吞吐前后原油黏度变化

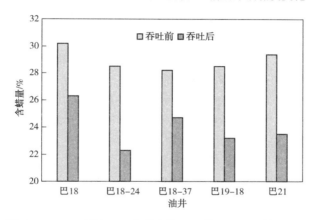

图 4-5　巴 19 断块 5 口井微生物吞吐前后原油含蜡量变化

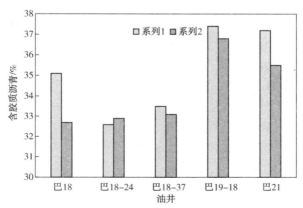

图 4-6　巴 19 断块 5 口井微生物吞吐前后原油含胶质沥青变化

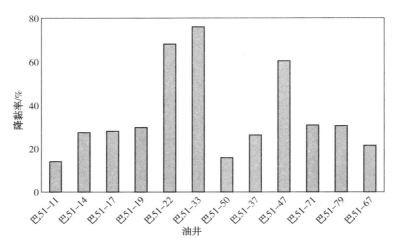

图 4-7　巴 51 断块不同井组微生物吞吐前后原油黏度变化

微生物单井吞吐试验证实筛选的微生物菌种能够很好地适应油藏环境并起到提高采收率的作用，表明微生物采油在宝力格油田具有很大的应用前景。但由于该技术本身原因使得微生物在油藏中的作用范围有限，作用时间较短，因此，要考察微生物在宝力格油田规模化应用效果还需进一步开展微生物强化水驱实验。

4.2　微生物驱先导性实验

微生物强化水驱是利用微生物的繁殖作用产生的代谢产物提高原油采收率的方法。广义地讲，微生物驱的基本方法包括两类：一类是地面发酵法（地面法），即在地面建立发酵反应罐，充分利用地面条件可控、营养及氧气充足的有利条件对目标驱油菌种进行高密度发酵，使目标菌在短时间内迅速繁殖并产生大量代谢产物（主要是生物表面活性剂和生物聚合物），然后将微生物代谢产物或连同菌液一起注入地层，利用注入的微生物代谢产物及微生物在地下繁殖过程中对原油的有益作用来达到提高采收率的目的。另一类是地下法（油层法），即直接将微生物及所需的营养液注入油层，使其在油层中产生各种代谢产物，只要供给微生物足够的营养物质，代谢产物的生产速度就会大于被微生物降解的速度。

由于微生物菌液及营养液是从水井注入，从油井产出，而且通过注采井网的布局实现对整个油层的处理。相对于微生物吞吐技术，微生物强化水驱具有注入时间较长、成本较低、注入见效持续时间长及作用范围广等优点，是目前微生物提高采收率技术中最重要也是最具有前景的微生物采油方式。

4.2.1 微生物驱选井原则

一般情况下，微生物驱油区块的选择需遵循以下原则：

（1）孔隙度、渗透率、残余油饱和度及地层温度等条件适合微生物的繁殖。一般地层渗透率要大于 $50 \times 10^{-3} \mu m^2$，除非裂缝十分发育；残余油饱和度一般 $>25\%$，地层温度 $<80℃$，油藏含水率大于 5%。

（2）地层水总矿化度 $<10\%$，总溶解固体量可以较高；矿物中的砷、汞、镍以及硒等微量元素含量 $<15mg/L$。

（3）储层发育状况及开发水平、注采井网、井距有代表性，且具有推广应用的价值。井距一般 $<400m$，对于密井距一般见效更快；注采系统较好，地下注采关系明确；井网完善，井况良好；地面条件较好。

以宝力格油田巴 51 断块进行微生物驱油工业化试验为例，实验选择宝力格油田巴 51 断块作为试验区，其主要依据是：

（1）油藏条件好。试验区油层温度为 38℃，适合于目的菌的生长，原始地层压力为 9.4MPa，与整个宝力格油田相同，具有一定的代表性。试验区油层中部深度为 550m，油层平均砂岩厚度为 51m，平均有效厚度为 15m，平均射开厚度为 26m，平均渗透率为 $57.2 \times 10^{-3} \mu m^2$，平均孔隙度为 17.8%，储层物性与整个宝力格油田及前期试验区块储层性质一致，目的菌可以顺利运移，而且储层连通较好，尤其是主力油层分布稳定。

（2）井距较小。试验区井网为两排夹三排线状注水井网，注采井距 70~150m，微生物在地层中运移的距离相对较短，提高采收率见效快。

（3）试验区井况相对较好。该区块在 2001 年通过井网调整，而且 2004~2005 年对一些报废井补打更新井进行井网完善，因此井况相对较好，井网完善。

通过分析认为巴 51 断块的油藏条件、井网条件等适合于利用微生物提高采收率，而且在宝力格油田具有很好的代表性，因此，该区块比较适合进行微生物驱。

4.2.2 微生物驱注入工艺

4.2.2.1 注入方式

微生物驱注入方式指的是微生物菌液及营养液采用什么样的方式从水井

注入油藏中，目前现场采用注入方式主要有段塞式注入和持续式注入，不同的注入方式往往会产生不同的效果。这两种注入方式各有优缺点，现场具体采用哪种方式需要根据所采用的菌种及现场条件，最好再结合室内物模实验来确定。

（1）段塞式注入

利用储罐储存大量的激活剂，一次性将大剂量的激活剂注入驱油地层。这样可以增加激活剂的浓度，从而避免注入过程中因为地层水的稀释而降低了激活剂有效浓度，从而不利于微生物在地层中的迅速增殖并代谢大量有益代谢产物。通过微生物注入流程可以有效实现目标菌液及营养液的高浓度注入，同时还能够通过集中段塞注入提高激活的可持续性，有助于微生物驱油效果的长效性。注入段塞的大小需要根据地层空隙体积、井距、注入速度以及对应油井产液量等现场具体情况来确定。由于注入的激活剂在地层中会不断被消耗，因此需要通过监测产出液中的菌浓和营养物浓度变化，然后根据监测结果适时进行菌液和营养液的补充。这种方法的缺点是：一方面补充注入的菌液或营养液具有一定的滞后性，因为微生物或营养液组分从注入井到生产井一般需要一个半月以上的运移时间；另一方面，注入的营养液在地层中的消耗很快，这种段塞式营养液注入方式难以持续为微生物生长繁殖提供充足的营养，导致微生物驱油效果不佳，最终影响提高采收率，这也是目前微生物驱现场应用过程中普遍存在的问题。

（2）持续式注入

目前现场注入的营养物浓度一般都在 1.0% 以上，然而室内研究表明，当营养物浓度维持在 0.1% 以上时就可以很好地维持微生物的生长繁殖，因此现场采用连续注入低浓度营养液的方式既可以维持稳定的微生物场，保证微生物在地层中的持续作用，有效提高回收率，又不增加微生物采油成本。持续式注入更适用于地层渗透率比较低且地层中原有微生物比较丰富的油层。

4.2.2.2　微生物驱地面注入工艺流程

在微生物驱油过程中，随着技术的不断发展，目前现场的配注流程主要分为两套系统：一是激活剂及菌液的注入系统，其作用是将在地面配好的菌液及营养液按设计的配注量经注水管线注入地层中，目前微生物驱主要采用该系统进行微生物注入；另外，为促进好氧微生物在地层中快速生长繁殖，并为其后续的厌氧生长提供依据，故在现场实施过程中又增加了另一套系统，即配注空气的注气流程，但该系统一般不单独使用，而是和前一套系统配合使用。

激活剂及菌液的注入可以按照地面现有的配水流程进行。为适合微生物驱油技术本身的特点，在现有配水流程的基础上增加了部分注入设备，主要包括两个配液池和多个供液泵。

首先将固体激活剂在配液池中配成较高浓度的溶液，然后再和菌液混合，为了减少菌液污染，菌液直接由菌液运输罐倒入到配液池中进行混合，在微生物配液泵房配制的菌液及营养液经供液泵泵出，并按一定比例和注水泵来水混合，目的是在菌液及营养液注入地层之前被稀释成所需要的浓度。最后根据设计好的流速连续将微生物菌液及营养液注入地层。固体激活剂的溶解及溶液的配制需要一定时间，因此为了保证微生物注入的连续性和均匀性，现场一般采用两个配液池交替配液。

4.2.3 微生物驱油现场监测

微生物驱油过程中，为了保证过程的实施质量以及最后的驱油效果，需要从以下四个方面对施工环节进行监测：

（1）目标菌的生产环节。目标菌的质量对驱油效果至关重要，为确保在目标菌的放大发酵及装车等各环节不出现问题，要求每天在目标菌放大发酵培养的各环节都要取样分析，当发现问题时要及时解决，杜绝杂菌污染。

（2）营养液配制环节。对营养液定时取样，检测糖浓度、菌浓度、pH 值等各项指标。

（3）注入环节。对现场注入过程中菌车内及营养罐内的菌液浓度、糖浓度、pH 值，以及注入水水质等各项指标定期抽检，并分析其对生产井动态的影响；同时在现场施工过程中须对注入压力进行密切监测，一旦发现压力大幅度上升，立即分析原因，并及时采取相应措施。

（4）生产井产出环节。定期抽检（每 7d 一次）产出水中总菌浓、目标菌浓度、营养液不同组分浓度（包括碳源、氮源及磷源的浓度）、主要代谢产物量、pH 值及原油黏度等，并根据生产曲线观察液量以及增油量等参数的变化。

除上述检测环节外，还要根据油藏情况及生产区块动态反映的实际情况，分别在微生物注入前后对注水井和生产井的吸水剖面、产液剖面及地层压力等情况进行测试，以便对微生物注入效果进行客观、合理地评价。

4.2.4 微生物驱油现场试验评价规范

（1）微生物见效特征评价，包括驱油功能菌生长繁殖见效特征、驱油功能菌代谢产物见效特征、原油乳化降黏见效特征。

（2）开发动态见效特征评价，包括自然递减率、含水上升率、累积增油量、阶段采出程度、采收率提高值。

（3）经济效果评价，包括吨增油成本和投入产出比。

4.3　现场微生物驱先导实验

4.3.1　注入菌浓及注入量优化

在微生物驱油过程中，为了充分发挥微生物对提高原油采收率的作用，需要地层中的微生物数量达到一定水平，如果注入的菌液太少会难以发挥微生物驱的作用，而太多则显著增加采油成本，因此微生菌液及营养液的注入量设计至关重要，但问题是注入多少量的菌液才能使地层中的菌浓达到指定浓度，同时地层中的菌浓需要达到多少才具有明显提高采收率的作用呢？针对该问题目前还没有统一认识和标准。因此，为了确定注入量与提高采收率的关系，需要通过室内物模驱油实验来对注入的菌浓及注入量进行优化。

实验首先对饱和原油的填砂岩心进行水驱，在出口端含水率达到95%以上时连续注入菌浓分别为 10^5 cells/mL、10^6 cells/mL、10^7 cells/mL 及 10^8 cells/mL 的菌液（LC∶JH＝1∶1），注入速度为 0.2mL/min。在实验过程中监测原油采收率变化情况，结果见图4-8。从结果可以看出，注入菌浓越高对提高采收率的作用越显著，当菌浓低于 10^4 cells/mL 时其对提高采收率的作用非常有限，当菌浓从 10^4 增到 10^5 cells/mL 时，原油采收率显著增加，之后当再增加菌浓时，虽然采收率也随之增加，但增加幅度明显减小。显然，要使地层中的菌浓越大，需要投入的成本越高，因此，综合考虑提高采收率效果和成本问题，建议地层中的菌浓能够维持在 $10^5 \sim 10^7$ cells/mL。

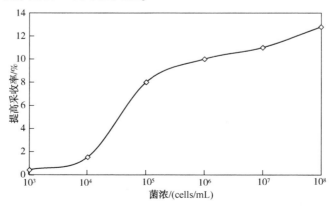

图4-8　注入菌浓与提高原油采收率的关系

由于油藏空隙体积很大，如果注入的菌液太少会难以发挥微生物驱的作用，而太多则显著增加采油成本，因此现场微生菌液及营养液的注入量设计至关重要。为了确定现场最佳注入量，室内通过物模实验进行研究，结果见图4-9。

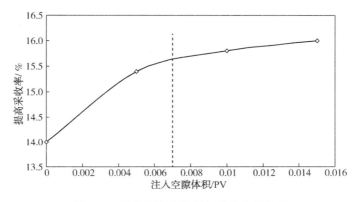

图4-9　微生物注入体积与采收率的关系

从图中可以看出，阶段微生物注入量为 0.007PV 时综合性价比最高，因此现场每阶段注入量设计为 0.007PV。

4.3.2　现场注入工艺设计

实验选择巴 51 断块 24 口注水井进行微生物强化水驱实验，注入方式为段塞式注入，实验用采油菌种为 LC 与 JH（1∶1）混合菌种，菌液浓度为 1.5%，营养液浓度为 0.81%（葡萄糖 0.6%，酵母膏 0.08%，蛋白胨 0.05%，尿素 0.2%，氯化铵 0.1%，磷酸二氢钾 0.04%），累计注入量为 33638m³。自 2009 年 1 月 1 日起到 2009 年 10 月 30 日，先后对巴 51 断块的 24 口注水井进行了 3 个轮次的微生物强化水驱，见表4-2。

表4-2　实验工艺方案设计统计表

开始时间	完成时间	注入量/m³	阶段增油量/t
2009.5.1	2009.5.28	16612	4772.1
2009.10.13	2009.10.30	17026	8699.7
合计		33638	13471.8

4.3.3　微生物驱实施效果分析

从现场试验统计效果可以看出，在经过第一轮的微生物注入后，油井产量明显上升，但从生产曲线来看(图4-10)，从微生物注入油井产量上升，中间大概有2个月左右的滞后时间，这是因为注入井与生产井之间有70~150m左右的井距，微生物及其代谢产物在地下运移需要一定的时间，这个时间大概为2个月左右。微生物注入后，随着原油产量的提升，油井含水量也得到有效控制，并出现下降趋势，表明注入的微生物起到了预期的增油降水作用。从原油黏度变化来看(图4-11)，累计增油13471.8t。

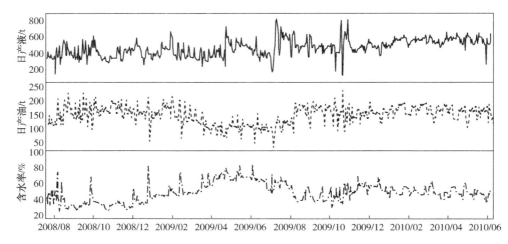

图4-10 巴51微生物驱先导实验油井生产曲线

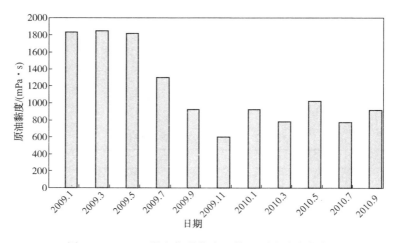

图4-11 巴51微生物强化水驱前后原油黏度变化

4.4 聚合物调剖辅助微生物驱（组合驱）先导性现场试验

微生物水驱增油是通过将菌液和营养液一同从注水井注入，通过微生物在地层中的生长繁殖并与水一起向前移动的过程中持续与原油作用，通过微生物自身及其代谢产物的作用降低原油黏度并增加原油流动性，从而有效提高原油采收率的一种三次采油技术。在微生物驱油现场应用过程中，微生物及代谢产物在地层中的作用范围直接影响到驱油的效果，然而，由于微生物驱目标油藏一般都是开发后期的老油藏，地层环境非常复杂，地层的非均质性导致高渗层流通性较好，往往含油较少，因此在微生物驱过程中所注入的菌液、营养液及产生的代谢产物往往顺着高渗带突进，波及范围非常有限，而低渗带的残余油很难被作用到，最终降低了微生物驱油的效果，这也是目前严重制约微生物驱油现场应用效果的瓶颈问题。

因此，降低微生物在油藏中的无效循环，增加其在地层中的波及体积成为进一步提高微生物驱作用效果的根本途径。然而，要达到此目的，就必须封堵大通道/高渗透层，改变水流方向/吸水剖面，从而增大微生物在油藏中的滞留时间和波及体积。

在微生物驱油过程中，人们通过室内试验和现场应用发现，一些微生物地下生长繁殖过程中会产生大量生物聚合物，如黄元胶、聚多糖等，这些聚合物相互粘连、缔结、聚合和水化，最终形成一定体积的胶冻状团块并堵塞水流通道。由于地层孔隙越大，菌种和营养液流经、积聚和滞留越多，形成的生物聚合物团块越大，便优先在高渗层段和裂缝等大孔道内形成堵塞，从而达到堵水调剖的作用。然而，在实际应用中发现，一些产聚合物菌种在室内试验时能够起到较好的堵水调剖作用，但在现场应用过程中往往很不理想，主要表现在：一方面，产生的生物聚合物强度不够，不能起到很好的调剖作用；另一方面，聚合物封堵的持续时间有限，这可能是菌种在地层环境下代谢的聚合物量有限，而且，生物聚合物在地层中又会被微生物作为碳源降解掉。因此，这种方法未能在现场得到广泛应用。

在油田注水开发过程中，通过向油层注入高浓度有机或无机聚合物来实现对油层的堵水调剖是一种常见的技术手段，其中水解聚丙烯酰胺凝胶是最常见一种凝胶体系，由于注入的 HPAM 分子量、黏度及成胶时间都可控，目前该技术已经相当成熟，而且在油田后期注水开发中得到广泛应用。但单纯的聚合物调剖难以解决油水流度比大的矛盾，如果将聚合物调剖与微生物采油技术相结合不仅能够改善注水效果，而且可以增加微生物在油藏中的波及体积和滞留时间，从而最大限度地发挥微生物提高采收率作用，但国内外在这方面的研究还很少。

4.4.1 聚合物筛选优化实验

聚合物深部调剖技术是通过向地层注入高浓度的聚合物，通过控制聚合物在地层中的成胶时间来实现对地层高渗带的封堵，从而使注入水在油层深部转向，这不仅能够驱替出更多的不动原油，而且能够扩大注入微生物的波及范围及滞留时间，从而有效改善微生物强化水驱效果。

要实现聚合物的深部调剖作用，首先要解决的是聚合物的成胶强度和成胶时间，如果强度不够，往往达不到封堵高渗层的作用，而成胶时间太短则注入的聚合物不能达到预期深度，从而影响封堵效果。在地层温度、矿化度及 pH 条件一定的条件下，一般影响成胶强度和成胶时间的主要因素包括聚合物分子量、聚合物浓度及聚胶比。

为了在宝力格油田开展微生物-凝胶组合驱先导实验，实验首先选择分子量为 1500 万的水解聚丙烯酰胺（HPAM）和 Cr^{3+} 为对象，通过实验对聚合物分子量、聚合物浓度及聚胶比进行优化。

（1）聚合物分子量优化

实验分别选取分子量为 1000 万、1500 万、2000 万及 3000 万的 HPAM 为研究对象，测量聚合物浓度为 1000mg/L 时的流变曲线，结果见图 4-12。聚合物的初始黏度随分子量的增加而增加，但高分子量的聚合物剪切黏度损失大，从性价比综合考虑，选择分子量为 1500 万的 HPAM 比较理想。

（2）聚合物浓度优化

图 4-13 为聚合物浓度与凝胶强度的关系，在聚交比 20：1，矿化度 1500mg/L 及 38℃ 条件下，凝胶强度随聚合物浓度增加而增加，从不同测量时间下的凝胶强度可以看出，在该实验条件下，当其浓度为 3000mg/L 时，96h 后的凝胶强度可以达到 6200mPa·s。根据凝胶黏度在 2500~4000mPa·s 之间控制裂缝的设想，实验推荐聚合物浓度为 2000mg/L。

（3）聚交比优化

聚交比对成胶性能有重要影响，对于铬体系，聚交比一般在 10：1~

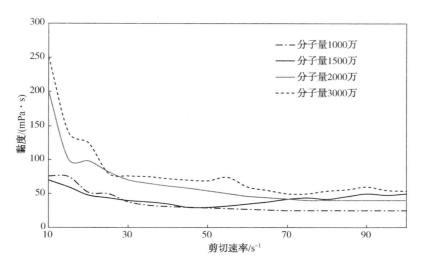

图 4-12　不同分子量聚合物的流变曲线

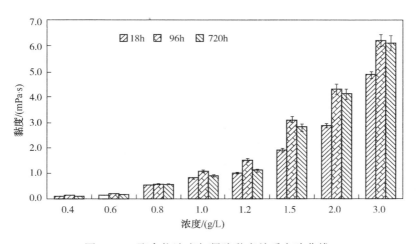

图 4-13　聚合物浓度与凝胶黏度关系实验曲线

30：1，聚交比越小，成胶性能越好，图 4-14 为聚交比对成胶性能的影响，从图中可以看出，在聚合物分子量为 1500 万，浓度为 2000mg/L 时，凝胶强度随着聚交比的增加而逐渐降低，成胶时间增加。当聚交比小于 20 时，虽然凝胶强度较高，但成胶时间太短，不到 100h；而聚交比大于 20 时，一方面凝胶强度低 2500mPa·s，另一方面，成胶时间太长。因此，聚交比为 20 比较理想，既能保证良好的凝胶强度，又有合适的成胶时间(6 天左右)，可以保证注入的凝胶能够进入的地层深部成胶，从而达到深部调剖的目的。

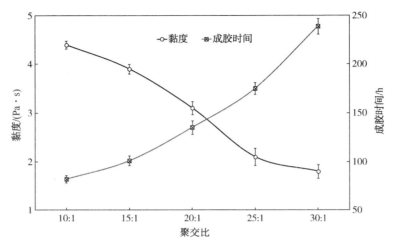

图 4-14　聚交比对成胶性能的影响

4.4.2　微生物菌种评价

选用从宝力格油田筛选的一株高效微生物驱油菌种 HB3 进行微生物凝胶组合驱实验，为了评价菌种 HB3 对油藏的适应性及对原油的作用效果，实验测定了其在不同温度下的生长曲线、耐盐性及对原油的降黏乳化实验，结果见图 4-15，(a)菌种 HB3 在不同温度下的生长曲线，(b)在 38℃ 条件下，地层水矿化度对菌种 HB3 生长的影响，(c)菌种 HB3 发酵液中原油黏度及发酵液乳化指数随时间变化曲线，(d)微生物作用前后原油乳化情况。

从不同温度下的生长曲线[图 4-15(a)]可以看出，所筛选的菌种在 20~50℃ 条件下都能够很好地生长，其中在 40℃ 条件下的生长最好，这与目标油藏 38℃ 的温度基本一致。从生长速度来看，当培养温度为 20~30℃ 时在 24h 浓度达到最大，而当温度为 40~50℃ 时在 18h 达到最大。

图 4-15(b)耐盐性实验表明，当矿化度小于 8000mg/L 时其对菌种 HB3 的生长影响不大，当继续增加氯化钠浓度时，OD 值明显降低，细菌的生长受到抑制，但即使在 21000mg/L 的矿化度条件下，细菌仍能够生长，表明该菌种具有较好的抗盐性能，完全能够满足现场矿化度 1500mg/L 的要求。

图 4-15(c)的菌种对原油的降黏乳化实验，结果很好地展现了菌种 HB3 对原油的作用效果。当将目标油藏原油加入细菌发酵液中进行培养后，随着

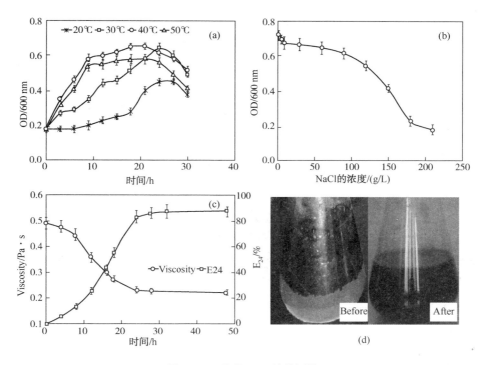

图 4-15　菌种 HB3 性能评价

时间的增加，原油黏度显著降低，到 24h 后原油黏度从 535.8mPa·s 降低到了 229.4mPa·s，之后基本不再发生变化，降黏率达到了 57.2%。实验同时发现，HB3 的发酵液具有良好的乳化活性，其乳化指数 E24 值变化趋势与黏度变化刚好相反，其值在 24h 后从 0 增加到了 83%，表明菌种 HB3 在培养过程中产生了一定的生物表面活性剂，而表面活性剂的作用使油水界面张力降低，并使作用前的油包水变成作用后的水包油。图 4-15(d) 更直观地说明了细菌发酵液对原油良好的乳化效果，微生物作用前油水完全分层，并且很容易黏附在瓶壁上，而微生物作用 24h 后，原油完全分散于发酵液中，而且原油不再挂壁。该结果表明，如果将该菌种运用于现场微生物驱油，则菌种在油藏中就可以通过发酵作用产生表面活性剂来降低油水界面张力，从而达到降低原油黏度，提高油水流度比及增加岩石润湿性及剥离岩石表面原油的功能。

4.4.3 凝胶与微生物配伍性实验

为了实现聚合物深部调剖下的微生物提高采收率，除了需要筛选出高效的驱油菌种及理想的聚合物强度和成胶时间外，还需要注入的微生物菌种与凝胶体系具有良好的配伍性，否则凝胶体系对微生物生长的抑制作用及微生物对凝胶的破胶作用都可能会影响到微生物提高采收率效果。图4-16为筛选的凝胶体系对微生物生长的影响，实验将不同组分与微生物菌液混合培养，然后测定不同时间的菌浓变化，从结果可以看出，虽然凝胶体系包括0.2%的水解聚丙烯酰胺，0.01%的交联剂及0.2%的聚丙烯酰胺凝胶，对微生物的生长都有一定程度的抑制作用，但影响并不大。即使影响相对较为明显的交联剂，在其加入后培养30天时微生物菌浓仍能够保持在 $1.1×10^8$ cells/mL 以上。而从微生物对凝胶强度的影响看，交联聚丙烯酰胺凝胶与发酵液一起培养后，虽然凝胶强度有所下降，但影响并不显著，没有引起破胶，30天后凝胶强度仍能保持在3000mPa·s以上。

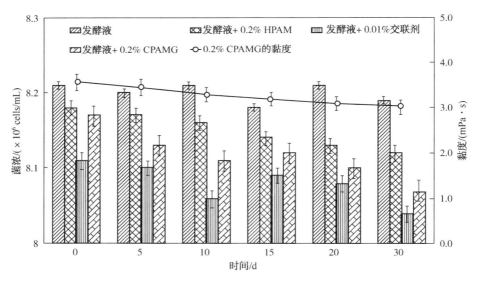

图4-16 凝胶体系对微生物的影响

4.4.4 室内物模实验

油田现场的注水井及对应采油井的距离一般都在几百米左右，从注水井注入的流体需要经过几十天的时间才能穿过地层，因此，在进行物模实验时，为了更好地模拟现场应用过程，所选用的岩心必须足够大。传统的驱油实验一般采用小尺寸岩心[（30~50）cm×3cmI. D]，其优点是方便、快速，但缺点是由于岩心尺寸太小，注入的微生物在岩心中的停留时间太短，一般都采用注入凝胶或微生物后关闭岩心一段时间再继续实验，这种情况很难真实反映微生物在油藏中的生长繁殖及运移过程。因此，本实验采用两根大尺寸（500cm×5cmI. D. ）渗透率不同的岩心来模拟地层的非均质性对水驱效果的影响，以及聚合物调剖辅助微生物驱对提高采收率的作用。微生物在地层中停留时间足够长，这样不仅能够很好地反应聚合物对非均质性地层的封堵左右，还能够真实反映微生物在地层中的驱油过程，因此实验结果更具说服力。

为了验证聚合物深部调剖与微生物组合驱对提高采收率的贡献，采用大型物模实验对不同驱替方式的作用效果进行量化描述，物模实验流程见图4-17、图4-18。

该装置包括两根大尺寸填砂岩心管(长度500cm，内径5cm)、一个流量泵、4个中间容器、一个控温箱和一个背压阀。岩芯管通过机械装填50~250目的石英砂，中间容器分别装满原油、聚合物、营养液及菌液，背压阀的作用是模拟地层压力。

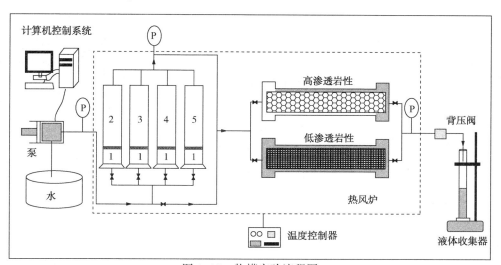

图4-17 物模实验流程图

1—水；2—原油；3—聚合物；4—营养液；5—微生物；P—压力表

待仪器连接好后，首先在真空条件下饱和地层水，并测定岩心孔隙度和渗透率，然后再依次饱和原油、老化、水驱、聚合物调剖及微生物驱，表4-3为岩心参数。在水驱阶段，控制流速0. 2mL/min，直到高渗岩心出口端

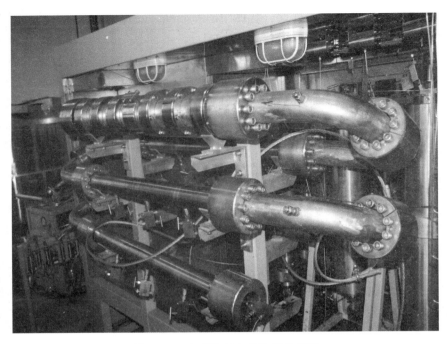

图 4-18　大型物模实验装置外观图

含水率大于 98% 后停止水驱，此时通过中间容器向两根岩心同时注入 0.2PV0.2% 的 HPAM 和 0.01% 交联剂，之后继续水驱，直到高渗岩心出口端含水率大于 98% 后再转为注微生物，微生物及营养液的注入量为 0.15PV（细菌密度 $1×10^8$ cells/mL，营养液浓度 3%），之后继续进行水驱，当两根岩心出口端无原油流出时停止实验，根据不同阶段收集的原油体积计算相应采收率，整个实验过程控制温度 38℃。

表 4-3　实验岩心参数

模型名称	模型孔隙体积/mL	模型孔隙度/%	透率渗/×10^{-3}μm²	含油饱和度/%	原油黏度/mPa·s	原油密度/（g/mL）	油水黏度比	油菌液黏度比
高渗管	3552	36.2	1029	80	1155	0.8981	1582	1444
低渗管	2728	27.8	150	80	1155	0.8981	1582	1444

　　图 4-19 为非均质双管填砂岩心模拟驱替曲线，从图中可以看出，在注水（I 阶段）过程中，高渗透岩心的采收率明显高于低渗透岩心，在水驱 30 天后高、低渗岩心的采收率分别达到 47.1% 和 12.8%。其原因主要是因为当注入

水经过两根平行岩心时，大部分注入水流经高渗岩心。当高渗岩心含水率达到98%以上，低渗岩心几乎看不到游离水流出。同时，总压降从0.8MPa下降到0.2MPa。这可以归因于水对岩心中原油的驱替作用，因为水的黏度（1mPa·s）比油（530mPa·s）低得多。

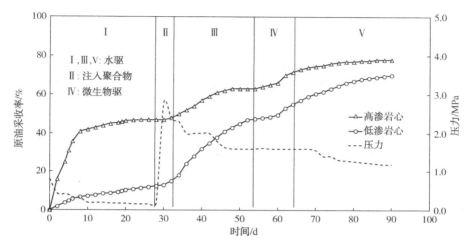

图4-19　具有不同渗透率的两根大岩心模拟聚合物辅助微生物驱油实验

表4-4　聚合物辅助微生物驱油实验结果　　　　　　　　　%

岩心	一次水驱采收率	调剖后二次水驱采收率	注微生物后三次水驱采收率	调剖增加采收率	微生物驱增加采收率	组合驱增加采收率
高渗	47.1	63.2	79.8	16.1	16.6	32.7
低渗	12.8	47.5	70.2	34.7	22.7	57.4

　　由于高渗岩心的孔隙度更大，均质性较差，在水驱过程中更容易形成大的通道，从而导致注水主要从高渗岩心流出，而低渗岩心的产液量很小，如果继续水驱只会造成无效注入。待注入0.2PV的凝胶（阶段Ⅱ）后，系统压力迅速升高，从0.2MPa急剧跃到峰值2.8MPa。同时高渗岩心的液量明显下降，但含水率也随着下降，相应低渗岩心的液量及采收率显著增加，表明了凝胶对高渗通道的封堵作用，不仅改变了水流方向，而且增加了高渗岩心的注水波及体积，从而使两根岩心的采收率都明显提高。两根岩心在不同阶段待的采收率统计见表4-4，由该表可以看出，当两根岩心的含水率都达到98%以

上时，高、低岩心的累计采收率分别为 63.2% 和 47.5%，相对于一次水驱，调剖后的高低岩心的采收率分别提高了 16.1% 和 34.7%，显然低渗岩心提高采收率更为明显。

在聚合物调剖的基础上注入 0.15PV 的微生物及营养液（阶段 Ⅳ）并继续进行水驱（Ⅴ）时，监测结果表明，由于微生物自身及其代谢产物对原油的降黏乳化及剥离作用，使两根岩心采收率都明显增加，待驱替结束时两根岩心的原油采收率分别为 79.8% 和 70.2%。即在聚合物调剖的基础上，采用微生物驱使高、低渗岩心的采收率分别增加了 16.6% 和 22.7%，而组合驱使这两个岩心的采收率分别增加了 32.7% 和 57.4%，明显高于单独的聚合物调剖或微生物驱。

通过对 HPAM/Cr(Ⅲ) 封堵后岩心的岩心监测发现，聚合物在高、低渗透岩心中的渗透/封堵深度分别为 350cm 和 40cm。这在很大程度上归因于两个岩心中的孔径差异，其中高渗透岩心中的较大孔隙允许更多的聚合物进入到岩心孔隙中。而聚合物在高渗层的封堵作用使原先的水流转向低渗层，从而使低渗岩心的采收率显著增加。

4.4.5 现场试验

物模实验虽然能够直观反映聚合物及微生物组合驱对提高采收率的效果，但由于在实际应用时油藏环境复杂得多，因此还需要通过现场试验才能更好证实该技术的有益效果。现场于 2010 年 3 月 20 日至 2010 年 10 月 25 日在宝力格油田巴 51 断块的 B-25 和 B-27 注水井（对应 B-22 井，B-23 井，B-24 井，B-26 井，B-28 井，B-29 井，B-34 井，B-35 井，B-57 井）进行了聚合物调剖与微生物组合驱实验。井位分布见图 4-20。这两口井由于储层均质性差，经过多年的开发后含水率迅速上升，使开发难度进一步加大。现场首先对两口注水井进行深部调剖措施，总共注入 HPAM/Cr(Ⅲ) 聚合物体系 768m³（含 0.2% 水解聚丙烯酰胺和 0.01% 醋酸铬），注入速度控制为 1.25~2.75m³/h，调剖半径 45~65m。在注入聚合物 8d 后继续注入微生物及营养液进行微生物驱，注入量为 2100m³，微生物密度为 1×10^8 cells/mL，营养液浓度为 3.0%，注入时间为 35d，然后同时对 2 口注水及对应 9 口油井进行监测。

4.4.5.1 注水效果分析

通过跟踪监测发现，调剖后的这两口井注入压力和启动压力都有大幅提升，吸水指数大幅下降，吸水剖面得到明显改善。图 4-21 为两口注水井 B-25 井和

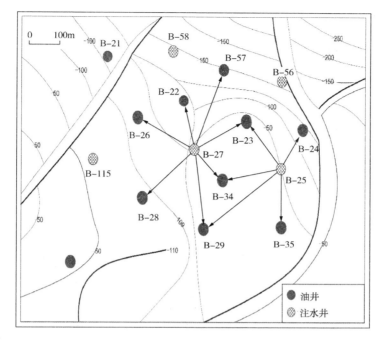

图4-20 现场试验两口注水井(B-25井、B-27井)及对应9口油井井位分布图

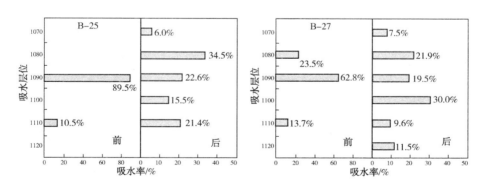

图4-21 聚合物调剖前后两口注水井 B-25 和 B-27 的吸水剖面比较

B-27井调剖前后的吸水剖面,由于地层非均质性及长期开发,注水效果日益变差,B-25井在调剖前只有两个吸收层,其中一个主力吸收层吸水率接近 90%,而 B-27井在调剖前有 3 个吸收层,其中一个主力吸收层的吸水率达到了62.8%。但经聚合物调剖后其吸收层分别增加到了 5 个和 6 个,而且吸水率也更加均匀,表明聚合物的深部调剖作用对原有高渗层进行了有效封堵,从而使注

117

水转向，启动中低渗层为后面的扩大微生物驱波及体积打下基础。

4.4.5.2 微生物驱作用效果评价

为了对试验效果进行评价，现场在试验过程中对所有油井产出液进行了跟踪监测，图4-22为9口油井聚合物调剖与微生物组合驱现场监测结果。实验分4个阶段：（Ⅰ）一次水驱，（Ⅱ）注入聚合物，（Ⅲ）注入微生物及营养液，（Ⅳ）聚合物辅助微生物驱。从图中可以看出，除日产油为9口井的总和外，其他参数均为9口井监测结果的平均值。从结果可以看出，在微生物驱前，地层的微生物数量大约为10^3cells/mL，在注入微生物一个月后，仅2口油井监测到菌浓开始明显上升，微生物注入2个月后发现9口油井中的菌浓开始全部上升，3个月后普遍增加到10^6cells/mL左右。随着后续水驱的进行，地层中的微生物数量变化不大，直到6个月后才观察到菌浓明显下降，但即使在注入微生物7个月后，地层中的微生物数量仍能够保持在$5×10^4$cells/mL以上，显著高于微生物驱前的数量。从菌浓的变化趋势来看，产出液中的菌浓在注入3个月后才达到最大，这与传统的单纯微生物驱在1~2个月监测到最大菌浓相比较，说明经调剖后微生物在油藏中的滞留时间明显延长，而且持续时间也比传统的5个月左右更长，达到7个月。原油黏度变化与微生物菌浓变化基本一致，最高降黏率达到57.5%，体现了微生物对原油良好的降黏作用。

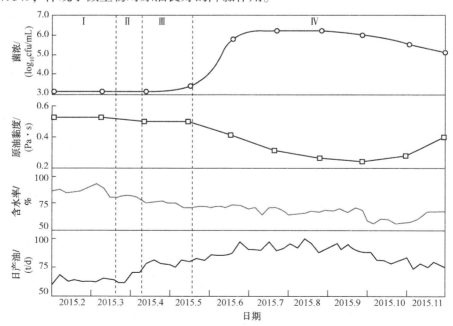

图4-22　聚合物辅助微生物驱现场试验监测结果

从产油量和含水率来看，含水率在注入聚合物后就开始明显下降，相应原油产量提高，这表明聚合物调剖对高渗层的封堵作用使水驱效率提高，待注入微生物后，产油量继续增加，含水率继续下降，直到5个月后这种趋势才开始变缓，这主要是因为随着后续水驱的进行，地层中注入的营养基本被消耗殆尽，微生物作用效果开始减弱，同时也表现在微生物数量的减少。9口油井7个月累计增油6103.4t，增油幅度达到38.5%，降水幅度为23.7%，这比单纯的聚合物调剖或微生物驱的效果要好得多，表明了组合驱在提高采收率方面具有明显优势。

从现场应用效果来看，针对非均质性较差的油藏通过先注入高浓度聚合物进行调剖堵水，然后再注入微生物驱的方式可明显增加微生物在油藏中的滞留时间及波及体积，从而显著提高微生物采油效率。从现场试验过程中的菌浓变化和采油曲线可以看出，在注入一个微生物营养液段塞后，微生物可以持续维持在105cells/mL以上达7个月以上，但由于营养液的消耗导致后期的采油效率减弱，这主要是因为由于营养的缺乏，微生物仅能维持生长，但无法继续代谢更多有利于提高采收率的代谢产物。但经过一轮次的微生物驱后，地层中的微生物数量得到了明显提升，因此在聚合物调剖的基础上，只要及时补充注入营养液便可以继续发挥微生物驱的作用，尤其适合于现场大规模应用。从成本方面来看，采用聚合物调剖只需要注入较少的高浓度聚合物，而且聚合物调剖持续时间长，可以达到1年以上，远比传统的聚合物驱成本低，而微生物提高采收率被认为是最经济的一种提高采收率方式，二者结合既经济，又有效。因此，聚合物调剖结合微生物强化水驱技术有望成为最有效的一种提高采收率技术。

表4-5为现场试验的单井监测结果，可以看出，两口注水井在进行聚合物辅助微生物驱措施后，对应的9口油井的含水率、采收率、降黏率及微生物数量方面都得到了显著改善，成功率为100%。从不同单井对比来看，B23、B29和B34的效果最明显，其中这三口井的增油率分别为65.9%、112.3%和95.5%，明显高于其他油井，其他监测结果也有相似的规律。其原因可以从这9口油井的井位分布看出，由于B23、B29和B34这三口井位于两口注水井之间，属于双向受效井，因此作用效果更加显著。

表4-5 微生物凝胶组合驱对应油井作用效果统计

对应油井	累计增油量/t	采收率/%	含水率/%	降黏率/%	菌浓/(log₁₀ cfu/mL)
45.8	246.0	25.0	17.8	49.6	6.1
B-28	222.2	47.1	13.1	48.2	6.1

对应油井	累计增油量/t	采收率/%	含水率/%	降黏率/%	菌浓/（$\log_{10}$cfu/mL）
B-22	327.5	38.5	20.6	55.7	5.8
B-57	491.8	65.9	32.8	72.3	6.2
B-23	827.5	112.3	35.5	78.2	6.4
B-34	582.6	95.5	29.7	61.1	6.3
B-29	455.6	40.1	23.9	60.5	6.2
B-24	333.4	36.7	18.5	44.8	6.2
B-35	246.0	25.0	17.8	49.6	6.1

4.5　小结

通过大型物模实验研究表明，针对非均质性岩心，通过控制聚合物浓度，聚交比以及注入条件便可实现对高渗透通道的深部调剖，在此基础上进行微生物驱不仅改变水驱效果，而且可明显扩大注入微生物在油藏中的波及体积和滞留时间，避免了注入微生物在地下的无效循环，增加了微生物提高了采收率效率。现场试验进一步证实，采用先聚合物调剖再微生物驱的方式不仅切实可行，而且能够显著增加微生物驱的成功率和采收率效果。研究结果对微生物驱现场应用具有一定的指导作用。

第5章

整体聚合物调剖-微生物
组合驱现场应用及维护
配套技术

宝力格油田微生物驱现场先导性实验表明，首先采用微生物强化水驱是可行的，从油田现场筛选出的微生物菌种不仅能够在油藏中很好地生长繁殖，而且能够起到提高采收率的作用；其次，采用聚合物调剖辅助微生物驱可以进一步增加微生物在油藏中的滞留时间和波及体积，从而最大限度地发挥微生物提高采收率的作用，很好地解决了宝力格油田目前存在的原油物性差及地层非均质性严重导致的水驱效率低的矛盾。

由于宝力格油田的 4 个断块比较靠近，而且在地下具有一定的连通性，因此在这 4 个断块同时开展整体微生物驱，并配套形成微生物循环利用工艺，重点解决以巴 19 断块为代表的高凝油（高含蜡）和巴 51 断块为代表的高黏油（高含胶沥）的开发矛盾，采用凝胶体系封堵高渗水流通道，提高微生物在油层中的作用效果。通过多轮次的微生物注入来提高目标微生物在油藏中的密度，以期在整个油藏形成稳定的微生物场，从而发挥微生物对油藏的持续改造作用，最终实现对宝力格油田的控水增油目的。

5.1 聚合物调剖–微生物组合驱方案设计

5.1.1 菌种配方

根据菌种优化及先导性试验的效果确定现场整体微生物驱菌种配方为：巴 19、巴 38 及巴 48 注入混合菌种Ⅳ、HB3、H 及 Z-2，比例 1∶1∶1∶1，菌液浓度 1.0%，营养液浓度 0.9%。巴 51 断块注入混合菌 LC 及 JH，比例为1∶1，菌液及营养液浓度分别为 1.0% 和 0.9%。营养液配方体系为葡萄糖0.6%、蛋白胨 0.1%、氯化铵 0.1%、酵母膏 0.08%、磷酸氢二钾 0.02%，pH7~7.5。

5.1.2 凝胶调驱方案设计

凝胶调驱方案设计思路为：首先根据井组在各油藏所表现出的不同的开发特点，从优化实验所推荐的配方系列中优选出凝胶配方；其次，进一步优化注入速度，探索最佳注入参数；最后，密切关注油藏动态变化，结合产吸剖面测试资料，适时开展相关井组调驱工作。

（1）选井原则

根据宝力格油田现有井组的生产曲线及测井资料落实注采对应关系，选择注水井吸水能力好(具有一定的爬坡空间)、含水快速上升(特别是监测证实存在水窜现象的井)及裂缝性油藏(重点针对裂缝的发育区)开展聚合物调剖堵水。

根据以上选井原则,分别在宝力格油田选取 34 口井进行聚合物调剖,包括巴 19 断块选择 12 口井,巴 38 断块 5 口井,巴 48 断块 4 口井及巴 51 断块 13 口井,调剖井数占总注水井数的 37.4%。不同断块调剖井位分步见图 5-1。

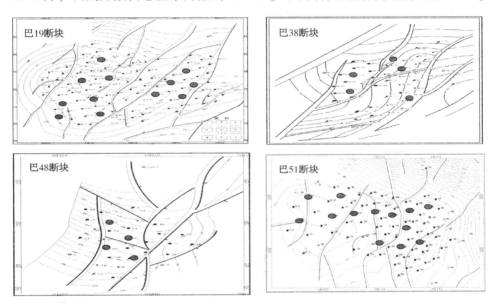

图 5-1　宝力格油田不同断块聚合物调剖井位分布图

(2)凝胶配方体系设计

根据目标油藏现有井距、井网注水现状和注水强度,结合孔隙度、渗透率等物性参数、储层的微孔隙结构特征以及其层间均质性,层内非均质特点等现场实际情况,结合聚合物调剖技术的特点,通过配方优化实验确定出针对不同油藏环境的 HPAM/Cr(Ⅲ)凝胶配方体系,见表 5-1。

表 5-1　凝胶配方体系设计

断块	凝胶黏度/(mPa·s)	聚合物浓度/(mg/L)	聚交比
巴 19、巴 38 凝胶调剖	1500~2000	1800	20∶1
巴 48、巴 51 凝胶调剖	2000~2500	2000	20∶1
调整裂缝	3000~4000	3000	20∶1

断块	凝胶黏度/（mPa·s）	聚合物浓度/（mg/L）	聚交比
调整高渗透条带	2500～2800	2500	20∶1
适应低渗区	1000～1700	1500	15∶1

根据不同断块地层非均质性大小采用不同强度的凝胶体系进行选择性封堵，对于地层渗透率较低的巴19、巴38断块一般采用黏度为1500～2000mPa·s的凝胶体系，对应聚合物浓度为1800mg/L，聚交比为20∶1；而渗透率较高的巴48、巴51断块采用黏度为2000～2500mPa·s的凝胶体系，对应聚合物浓度为2000mg/L，聚交比为20∶1；对于地层中存在的裂缝通道，需要采用强度更高的凝胶体系，对应黏度为3000～4000mPa·s，聚合物浓度为3000mg/L，聚交比为20∶1；而对于低渗区可采用强度较低的凝胶体系，对应黏度为1000～1700mPa·s，聚合物浓度为1500mg/L，聚交比为15∶1。

（3）凝胶注入量设计

参照二连地区调驱及赵108多轮次凝胶驱的经验，注入速度根据地层能量补充及减少聚合物剪切影响的需要确定，宝力格油田累计注采比为1.09，推断地层压力保持水平比较高，凝胶注入速度设计为1～1.5倍注水速度。

通过对注采井组的动态分析，结合吸水剖面，确定了第一批14个井组实施凝胶调驱措施，凝胶注入量设计见表5-2。

表5-2　第一批14个井组凝胶注入量方案设计

实施井组	生产情况					方案设计			
	日注水/（m³/d）	油压/MPa	日产液/（m³/d）	日产油/（t/d）	综合含水/%	射开层	目的层	日配注/（m³/d）	设计量/m³
巴19-17NX	60.2	12.1	216.6	35.0	83.8	7层/20.6m	4层/7.2m	70～90	4000
巴19-22	66.6	10.6	107.8	23.3	78.4	6层/21.2m	3层/13.8m	80～100	7500
巴19-23	62.9	12.6	198.5	45.9	76.9	6层/17.4m	3层/12.8m	75～95	6500
巴19-15	74.9	18.2	136.0	27.0	80.0	2层/3.2m	2层/3.2m	90～110	3000
巴38-44	35.6	13.8	50.0	4.5	90.0	3层/21m	3层/21m	40～50	7500
巴38-75	43.1	16.4	60.0	12.0	86.0	1层/4.6m	1层/4.6m	50～65	2500
巴38-62	46.3	18.5	107.0	21.0	80.4	14层/38.6m	1层/7.6m	55～70	4000
巴38-65	55.4	15.7	28.5	2.5	91.0	7层/27.2m	2层/14.6m	65～85	3000
巴51-91	24.2	7.6	17.0	2.5	87.5	3层/7.6m	3层/7.6m	30～35	3500

实施井组	生产情况					方案设计			
	日注水/ (m³/d)	油压/ MPa	日产液/ (m³/d)	日产油/ (t/d)	综合含 水/%	射开层	目的层	日配注/ (m³/d)	设计量/ m³
巴51-72	35.3	11.4	20.0	2.0	88.0	4层/15m	4层/15m	40~50	5000
巴51-78	38.5	12.0	24.0	3.6	78.6	1层/12.6m	1层/12.6m	45~55	4500
巴51-41	35.2	7.2	50.0	6.5	86.0	1层/9m	1层/9m	40~50	4000
巴51-12	29.3	6.9	20.0	88.0	88.0	1层/2.2m	1层/2.2m	35~45	3000
巴51-13	29.4	5.5	30.0	3.0	88.0	2层/3.8m	2层/3.8m	35~45	3000
小计									61000

5.1.3 微生物注入量设计

巴19和巴38断块按0.001PV/a递减，巴51和巴48断块按照0.007PV/a计算，总注入空隙体积不低于0.02PV。在宝一联、宝二站、宝三站整体开展微生物驱工作，注入总量32.64×10⁴m³，注入速度结合地层压力保持需要，按同期注水速度取值。宝力格油田微生物驱总量设计见表5-3。

表5-3 宝力格油田微生物驱总量设计表

断块	有效厚度/m	孔隙度/%	孔隙体积/m³	总井数/口	日注水/m³	注采比	日配注量/m³
巴19	12.6	18.5	11091721	38	1673	1.04	1670
巴48	11.5	12.7	2589805	10	213	1.22	210
巴51	12.4	15.5	5326625	24	656	1.95	640
合计			19007791	72	2542	1.28	2520

（1）巴19断块

巴19断块按30~45d为一个周期注入微生物菌浓1.0%、营养液浓度0.9%的工作液，间歇90d，按30d的周期补充营养液，间歇90d，根据监测结果决定是否续注，巴19断块微生物驱注入剂量设计见表5-4。

表5-4 巴19断块微生物驱注入剂量设计表

序号	井号	日注水量/m³	配注水量/m³	设计用量/m³
1	巴18-1	148.88	155	13950
2	巴18-11	8.43	20	1800

序号	井号	日注水量/m³	配注水量/m³	设计用量/m³
3	巴 18-115	35.67	35	3150
4	巴 18-118	40.79	40	3600
5	巴 18-126	30.61	30	2700
6	巴 18-133	30.17	30	2700
7	巴 18-135	26.29	25	2250
8	巴 18-142X	35.01	35	3150
9	巴 18-143	30.97	30	2700
10	巴 18-155X	24.64	25	2250
11	巴 18-16	50.99	120	10800.
12	巴 18-164	6.31	30	2700
13	巴 18-19	75.27	75	6750
14	巴 18-2	53.47	45	4050
15	巴 18-21	134.06	150	13500
16	巴 18-23	46.97	40	3600
17	巴 18-34	174.45	170	15300
18	巴 18-38	91.10	100	9000
19	巴 18-4	76.09	120	10800
20	巴 18-62	65.97	75	6750
21	巴 18-64	87.1	100	9000
22	巴 18-7	74.13	70	3600
23	巴 18-85	11.32	20	1800
24	巴 18-91	37.03	30	2700
25	巴 18-95	19.66	20	1800
26	巴 19	54.92	60	5400
27	巴 19-15	74.93	80	7200
28	巴 19-17NX	60.24	50	4500
29	巴 19-22	66.59	70	6300
30	巴 19-23	64.52	60	5400
31	巴 19-28	45.74	90	8100
32	巴 19-3	68.79	60	5400
33	巴 19-30	79.43	85	7650

序号	井号	日注水量/m³	配注水量/m³	设计用量/m³
34	巴19-4	46.09	60	5400
35	巴20-3	41.6	35	3150
36	巴20-9	24.87	20	1800
小计		1967.01	2260	200700

（2）巴48、51断块

巴48、51断块按90d一个周期注入微生物菌浓1.0%、营养液浓度0.9%的工作液，间歇90d，再补充注90d，根据监测结果决定是否续注，巴48和巴51断块微生物驱注入剂量设计分别见表5-5和表5-6。

表5-5　巴48断块微生物驱注入剂量设计表

序号	井号	日注水量/m³	配注水量/m³	设计用量/m³
1	巴48-15	10.52	10	1800
2	巴48-18	25.36	30	5400
3	巴48-20	20.76	20	3600
4	巴48-22	15.49	15	2700
5	巴48-3	15.62	15	2700
6	巴48-33	20.76	20	3600
7	巴48-38	20.42	20	3600
8	巴48-4	15.02	15	2700
9	巴48-46	12.16	10	1800
10	巴48-9	14.88	15	2700
小计		170.99	170	30600

表5-6　巴51断块微生物驱注入剂量设计表

序号	井号	日注水量/m³	配注水量/m³	设计用量/m³
1	巴11	15.56	15	2700
2	巴51-1	20.39	20	2600
3	巴51-115X	40.39	25	4500
4	巴51-12	29.32	30	5400
5	巴51-13	29.36	30	5400
6	巴51-20	24.66	25	4500

序号	井号	日注水量/m³	配注水量/m³	设计用量/m³
7	巴 51-25	48.7	30	5400
8	巴 51-27	25.09	25	4500
9	巴 51-31	33.89	35	6300
10	巴 51-39	25.6	25	4500
11	巴 51-40	30.07	30	5400
12	巴 51-41	35.23	35	6300
13	巴 51-44	31.45	30	5400
14	巴 51-5	15.79	15	2700
15	巴 51-51	29.83	30	5400
16	巴 51-54	15.6	15	2700
17	巴 51-58	30.5	30	5400
18	巴 51-65	34.98	35	6300
19	巴 51-7	20.32	20	3600
20	巴 51-72	35.27	35	6300
21	巴 51-74	25.27	25	4500
22	巴 51-78	38.53	40	7200
23	巴 51-81	45.83	40	7200
24	巴 51-91	24.15	25	4500
小计		705.78	665	118700

（3）巴 38 断块

巴 38 断块位置处于巴 19、巴 48 和巴 51 之间，而且与这几个断块的下连通性较好，因此该断块采取将巴 19、巴 48 和巴 51 这三个断块的微生物采出液经油水分离后直接进行回注。由于其他三个断块的油井产出液中含有大量的微生物及代谢产物，因此将这些产出液回注到巴 38 断块再适当补充一定浓度的营养液就可以实现微生物循环驱，这样不仅能够充分利用微生物产出液中的大量微生物和代谢产物，而且还可以大大降低驱油成本。

5.1.4　地面注入工艺设计

微生物驱工艺设计原则为，以实现宝力格油田微生物循环驱为目标，本着充分利旧、简洁高效的原则，进行集中注入工艺流程的完善。

凝胶调剖工艺设计原则为，为实现全面控制油田含水上升速度的工作目标，确保实施效果，利用简洁高效的撬装式注入装置实施单井组调剖；充分利用现有工艺流程，将部分符合条件的井组实施集中注入。

（1）巴 19、巴 38 断块

宝一联地面微生物注入设备包括 $20m^3$ 的配液池 2 个，排量为 $2.5m^3/h$ 的供液泵 3 个，扬程 65m，见图 5-2。在配液之前需对配液池进行高温蒸汽或紫外灯灭菌，配液池的作用是将固体营养组分进行溶解混合并配置成所需浓度，配液池上方有机械泵用于搅拌，待固体营养组分充分溶解后再加入一定比例的菌液，配成注入所需浓度，然后通过供液泵按设计量随注水管线注入地层中，两个配液池交替使用以维持连续注入所需要的菌液及营养液。微生物菌液来自工厂高密度发酵的菌液原液，在使用时通过灌装车运输到目的地，菌液在出厂之前及拉到目的地时都需要对其菌浓和纯度进行检测，以监测菌浓变化，并防止菌种的污染。

图 5-2　微生物及营养液配液池(左)和供液泵(右)

巴 19、巴 38 断块的微生物地面注入站点设在宝一联，注入工艺流程见图 5-3。宝一联合站包括 8 个注水站点，分别为宝 0 计~宝 7 计，其中巴 19 断块包括 4 个注水站，分别为宝 0 计、宝 1 计、宝 2 计和宝 3 计，巴 38 断块也包括 4 个注水站，分别为宝 4 计、宝 5 计、宝 6 计和宝 7 计。首先，在宝一联合站配好的微生物及营养液通过供液泵泵入到注水系统中，并与注水泵房来水混合，然后再通过注水关系到达巴 19 断块的不同注水站，并通过管网系统从注水井注入地层中。而巴 19 断块的油井采出液经油水分离后，含有微生物的采出水再进入到巴 38 断块的注水管网，并通过注水泵注入该断块地层中，以实现微生物产出液的循环驱。

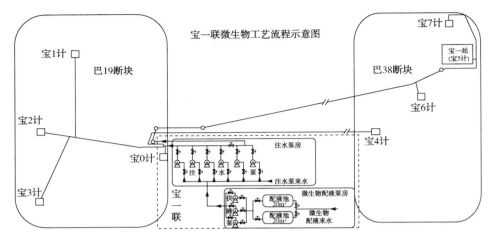

图 5-3　宝一联微生物注入工艺流程示意图

（2）巴 48 断块

巴 48 断块的地面注水系统设在宝二站，设备状况包括 390m² 配液泵房 1 间、20m³ 配液池 2 个、20m³ 储水池 1 个、变频和配电柜各 1 台，控制区域包括宝 8 计和宝 9 计。注入工艺流程见图 5-4。

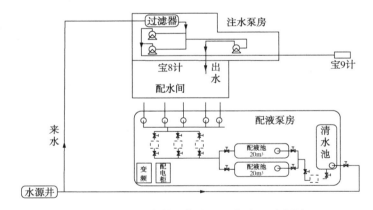

图 5-4　宝二站微生物注入工艺流程示意图

（3）巴 51 断块

巴 51 断块的地面注水系统设在宝三站，设备状况包括 390m² 配液泵房 1 间、30m³ 配液池 2 个、30m³ 储水池 1 个、排量为 40m³/h 的螺杆供液泵 2 台，变频和配电柜各 1 台，控制区域包括宝 10 计和宝 911 计。注入工艺流程见图 5-5。

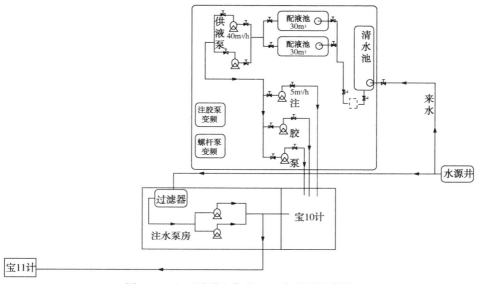

图 5-5 宝三站微生物注入工艺流程示意图

5.1.5 现场监测

5.1.5.1 凝胶调剖监测方案

在凝胶调剖过程中,采用的监测方案见表 5-7。

表 5-7 凝胶调剖监测方案

监测项目	监测内容
注入药剂质量监测	对聚合物产品的分子量和固含量,交联剂产品中的有效成分等进行质量监测,每批原料抽样监测一次
现场施工质量监测	1. 配液质量监测,随时监测各原料的添加顺序、用量、溶解情况以及配液池中工作液的颜色、pH 值 2. 配液池中工作液成胶状况监测,每日取样监测一次 3. 施工参数的录取,包括施工过程中的注入时间、注入量、累积注入量、注入压力、排量,做到每日一表
动态资料数据录取	1. 注水井措施前后吸水剖面、流压、静压、压降曲线、视吸水指数、注水指示曲线,每月一次 2. 对应油井措施前后测动液面、示功图,有条件的井测产液剖面,每月一次 3. 按地质资料录取规定,录取常规油水井生产动态数据
产出液中 Cr^{3+}、聚合物含量及水质监测	针对重点井产出液中的 Cr^{3+}、聚合物含量及六项离子进行监测,每月一次

5.1.5.2 微生物驱现场监测

在微生物驱过程中，为了监测微生物在地层中的生长情况及评价微生物提高采收率效果，现场采取的监测方案见表5-8。

表5-8 微生物驱现场监测方案

监测项目	监测内容
注入菌剂质量监测	对菌剂的总菌数、活菌数、pH值及表观现象进行监测，每批药剂抽样监测一次
现场施工质量监测	1. 配液质量监测，随时监测菌液和营养液的用量、溶解情况以及配液池中工作液的颜色、pH值 2. 配液池中工作液菌种生长情况，每日取样监测一次。不定期对配液池的配液质量进行监测 3. 施工参数的录取。主要录取施工过程中的注入时间、注入量、累积注入量、注入压力及注入排量，做到每日一个报表
动态资料数据录取	1. 注水井措施前后吸水剖面、流压、静压、压降曲线、视吸水指数、注水指示曲线，每月一次 2. 对应油井措施前后测动液面、示功图，有条件的井测产液剖面，每月一次 3. 按地质资料录取规定，录取常规油水井动态数据
产出液性质监测	1. 产出液分析：原油黏度每月一次。原油中胶沥、蜡含量的分析，每两月一次。原油烃组分分析，每3月一次 2. 产出液水分析：产出液中的pH值、总菌数、活菌数分析，每月一次。产出液中的代谢产物分析，每3月一次 3. 产出气组分监测，每3月一次

在微生物驱过程中，现场监测对象应包括菌浓、营养液组分浓度、代谢产物浓度及原油物性变化，在这些监测对象中，如果对每口油井进行全面监测不太现实，而且没有必要，因此针对不同监测对象选择相应的监测方案是取得有效监测数据和增加工作效率的关键。

（1）微生物。对微生物的监测包括总菌浓的监测和微驱过程中菌群变化分析，尤其是优势菌群的跟踪监测。对菌浓可以采用整体监测的方式，因为一方面菌浓监测相对比较容易，通过采用菌浓仪对微生物量进行定量监测可使工作量大大降低；另一方面，每口油井的菌浓大小和变化直接反应对应油水井在地下的连通情况以及微生物在地层中的生长繁殖及运移情况，这些数据对现场进行注入工艺动态调控至关重要。因此每隔一个月对微驱目标油藏进行整体取样并监测菌浓是非常必要的。然而，总菌浓的监测只能反应地层中混合菌的总量，而对于注入的目标菌及地层有益的优势菌群生长如何还必须通过分子生物学的手段进行分析，现场可采用在每个断块选择 5 口左右的有代表性的井组进行监测，样品经 DGGE 分析并与指纹图谱对照来确定菌群变化规律。监测周期可根据实际情况来确定，一般一到两个月监测一次。

（2）营养液组分。微生物的生长代谢离不开营养液组分，无论是外源还是内源微生物驱，当注入的营养液浓度被消耗到一定值时就不能满足微生物的生长需要，这时就需要对其进行补充。在微生物驱油过程中，注入地层的营养液是维持微生物高效生长繁殖并代谢有益产物的关键，通过对油井产出液中不同营养液组分的监测既可以了解营养组分在地层中的消耗运移情况，为营养液的配方优化和补充注入提供数据支持，还可以判断微生物在地层中的生长繁殖情况。

由于注入的营养液组分在地层中的消耗及吸附程度不同，也就是说从注水井注入的最佳营养液配方体系，经过一段距离的吸附，运移后到达生产井的浓度比例会发生很大变化，正如前面监测到的结果，葡萄糖在地层中消耗很快，在产出液中根本监测不到，而磷酸根相对比较稳定，而且吸附较小。因此现场可以通过监测磷酸根的浓度变化来反应地层中的营养液消耗情况，监测方式同样是选择有代表性的井组，每月监测一次。

（3）代谢产物。代谢产物的分析主要针对有机酸、生物表面活性剂和生物气，这三种组分的定性定量都可以采用 GC-MS 来实现，监测方式也是选择有代表性的井组进行监测。

（4）原油物性。包括原油黏度和原油组分变化，通过对这两个参数的监测可以了解微生物对原油的作用效果，监测方式为选择有代表性井组，每隔一到两个月监测一次。

5.1.5.3　产出液中营养组分分析方法

（1）葡萄糖含量的测定

仪器及试剂：721 型可见分光光度计，分析天平，葡萄糖标准品，蒽酮-浓硫酸溶液。

测定步骤：

① 葡萄糖标准曲线制作：分别准确吸取 100mg/L 葡萄糖标准溶液 0、0.1mL、0.2mL、0.4mL、0.6mL、0.8mL、1.0mL 于 10mL 比色管中，加入蒸馏水补至 1.0mL，然后加入 0.2%蒽酮-硫酸溶液 4.0mL，摇匀，待反应 10min 后放入冰水浴中冷却到室温；以蒸馏水代替试样做空白，于紫外可见分光光度计在波长 625nm 处测定吸光度；以葡萄糖的浓度为横坐标，吸光度值为纵坐标，绘制葡萄糖标准曲线，见图 5-6。

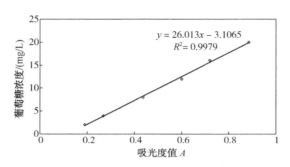

图 5-6　葡萄糖浓度与吸光度之间的关系曲线

② 产出液中葡萄糖含量的测定：将产出液用 3 层滤纸过滤，取所有井过滤产出液各 1.0mL，然后再各加 4mL 的浓硫酸，待反应 5min 之后放入冷水中冷却至室温，于紫外可见分光光度计在波长 625nm 处测定吸光度 A_1。然后再取 1mL 的蒸馏水或自来水及 1mL 的过滤产出液，各加入 4mL 的蒽酮-硫酸溶液，待反应 5min 之后放入冷水中冷却至室温，于紫外可见分光光度计在波长 625nm 处测定吸光度为 A_2 和 A_3；样品的实际吸光度值 $A = A_3 - A_2 - A_1$。如果产出液很澄清则直接测定 A_2 和 A_3，样品的实际吸光度值 $A = A_3 - A_2$。

$$葡萄糖浓度（mg/L）=（26.013A-3.1065）\times 5/v$$

式中　A——吸光度值；

　　　v——样品体积。

注：蒽酮-浓硫酸溶液要现配；如果产出液的样品的吸光度值大于标准曲线样品最大浓度的吸光度值，则须根据情况对样品进行稀释。

（2）总氮的测定

仪器及试剂：凯氏定氮仪及配套的消解装置，酸式滴定管；$(NH_4)_2SO_4$（>99.9%），$NaOH$（40%），硼酸（2%），K_2SO_4，$CuSO_4$，浓盐酸，浓硫酸，$NaCO_3$，0.1%甲基橙指示剂，甲基红-溴甲酚绿指示剂。

测定步骤：

① 用移液管分别称移取蒸馏水和产出液各 10mL 于消化管内（可平行消解 3 份），加入 6g 加速剂（K_2SO_4：$CuSO_4$＝15∶1），再加入 10mL 浓硫酸，420℃ 消化 1.5h，直至消解澄清。

② 将已经消化好的样品消化管逐个放入自动定氮仪上进行蒸馏，自动接入 40%NaOH，2%HBO_3，蒸馏完在锥形瓶中加入 2~3 滴甲基红-溴甲酚绿指示剂。

③ 用 0.01M 标准盐酸滴定样品，记录所消耗的盐酸的体积，计算氮的含量，平行滴定 3 次。

④ 样品浓度计算公式：

$$N 含量（mg/L）= 0.01×v×14×1000/5$$

（注意的问题：a. 要用地层水进行空白实验。b. 配制溶液时，硼酸要用超纯水配制，指示剂和硼酸要现用现配。c. 样品的消化条件要进行摸索，以达到消解澄清的目的。）

（3）总磷的测定

仪器及试剂：721 型可见分光光度计，分析天平，KH_2PO_4，钼酸铵 $[(NH_4)_6Mo_7O_{24}\cdot4H_2O]$，浓硫酸，$SnCl_2$（氯化亚锡），甘油。

测定步骤：

① 磷酸盐标准溶液（PO_4^{-3}＝1.00mg/mL）的配制：用高型称量瓶称取在 105℃ 干燥过的磷酸二氢钾（KH_2PO_4）1.4380g，溶于除盐水中，稀释到 1000mL 容量瓶，（$[PO_3^{-4}]$＝1438mg/L）。再取 1.433mg/mL 的 KH_2PO_4 1.0mL 稀释到 100mL，最终 $[PO_3^{-4}]$＝14.38mg/L。

②标准曲线的绘制：用移液管移取磷酸盐 0.0、1.0mL、2.0mL、4.0mL、6.0mL、8.0mL 和 10.0mL，分别放入一组 50mL 容量瓶中，用二级水稀释至约 40mL，摇匀。然后在上述容量瓶中各加入 2.5mL 钼酸铵-硫酸混合溶液，摇匀，再向每个容量瓶中各加入 0.15mL（5 滴）氯化亚锡甘油（15g/L）溶液，用二级水定容，摇匀，待 2min 后用分光光度计在 690nm 下，用 1cm 比色皿，以零管调零点，测各容量瓶中溶液的吸光度值。以吸光度值为横坐标，浓度为纵坐标绘制标准曲线，见图 5-7。

③ 样品的测定：用量筒量取澄清产出液水样 19mL（如果浑浊则须用 3 层滤纸过滤后再进行测定，如果产出液的吸光度值大于 1.0 则须将产出液稀释 2 倍后使用），加入 1.0mL 钼酸铵-硫酸混合溶液，摇匀，再加入（3 滴）氯化亚锡甘油（15g/L）溶液，待 5min 后用分光光度计在 690nm 下，用 1cm 比色皿，

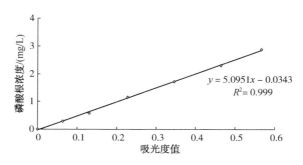

图 5-7 磷酸根浓度与吸光度之间的关系曲线

以零管调零点，测各容量瓶中溶液的吸光度值。将样品的吸光度代入回归方程计算得其水样中的磷酸盐含量。样品中磷酸盐的浓度按下式计算：（注意产出液的测定须用不加氯化亚锡的产出液作参比，测定过程中比色皿中不能有气泡，如果气泡较多则须多放置一段时间再测定）

$$[KH_2PO_4](mg/L) = (5.0951A - 0.0343) \times 50/v$$

式中　v——吸取水样的体积数，mL；

　　　A——样品的吸光值。

注：$SnCl_2$ 溶液需用棕色瓶存放，不用时需在阴暗中放置。

通过室内对这几种方法进行反复评价论证，结果证明对营养液中的这三种组分的测定方法不仅结果可靠，而且仪器及操作都非常简单，完全能够满足室内和现场对产出液中营养液组分进行快速测定的需要。表 5-9 为微驱营养液不同组分的测定方法、检测限和线性相关系数。

表 5-9　针对微驱营养液不同组分的测定方法及检测限和线性相关系数

营养液组分	测定方法	检测限/（mg/L）	误差	线性方程	线性相关系数（R^2）
葡萄糖	蒽酮光度法	1.0	4.5%	$y = 30.319x + 1.47$	0.9932
N	凯式定氮法	10	5.5%	—	—
P	磷钼酸铵光度法	0.001	2.8%	$y = 5.095x - 0.034$	0.9990

5.1.5.4　微驱过程中菌浓监测

（1）产出液中菌浓测定

现场产出液中菌浓测定采用平板菌落计数法，即将含微生物水样制成几个不同的 10 倍递增稀释液，然后从每个稀释液中分别取出 1mL 置于灭菌平皿中与营养琼脂培养基混合，在一定温度下，培养 48h 后记录每个平皿中形成的菌落数量，依据稀释倍数，计算出每 g(或每 ml)原始样品中所含细菌菌落总数。

产出液中菌浓测定也可以采用菌浓仪或血球计数板计数法进行测定，由于产出液中菌浓一般不会太高，因此不适合采用重量法或分光光度法。

（2）微驱前后地层中菌群结构变化分析

与传统的微生物检测方法相比，分子生物学技术能够直接揭示发酵过程中各种微生物的消长规律，在微生物驱油过程中，通过该技术可以更真实、客观地反映油藏中微生物群落的组成、结构和功能变化，具有明显的优越性。其中 PCR-DGGE 技术自 1993 年被 Muyzer(1993)引入微生物生态学领域以来，已经成为微生物多样性研究的一个重要工具。

在对微生物驱油产出液中的菌群分析时，首先选择有代表性的井组，按照一定的时间规律取样，并提取样品中微生物的总 DNA 进行 DGGE 分析，然后对电泳条带进行割胶测序，根据伯杰氏手册或系统发育树来对产出液中所有微生物进行种属确定。由于电泳条带颜色亮度与其丰度成正比，因此可以通过电泳扫描技术，采用标准曲线法进行定量，流程如图 5-8 所示。

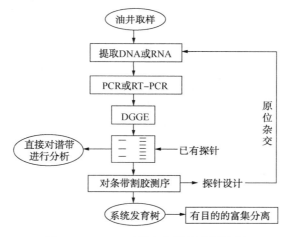

图 5-8　DGGE 对微生物样品分析流程

从理论上讲，DGGE 电泳图上的每一个条带就代表了一个微生物类群(分类水平可达种)。从某种意义上说，DGGE 是一种 DNA 分离手段，不同的微生物种类由于其 DNA 双链结构不同而得以分开，条带数越多，说明生物多样性越丰富，然而每一个条带对应的是哪一类微生物还必须进行进一步的序列分析。为了解微生物群落结构和系统进化关系，通常需要切取 DGGE 图谱中的优势条带，获得序列信息。Vallaeys 等（1997）发现 DGGE 法并不能对样品中所有的 DNA 片段进行分离。一个条带经常含有多种序列，所以在切取条带重新扩增后，需要对 PCR 产物进行克隆，然后测序。

从一个切取条带的克隆文库中随机挑选一些克隆用带 GC 夹板的引物扩增，每个克隆的 PCR 产物再进行 DGGE 分析，检查与切取条带的迁移位置是否一致，选择一致迁移位置的克隆进行测序分析。如果条带过于复杂，则需要进一步提高 DGGE 的分离效果。还可以选择种属或者菌群的特异引物选择性扩增样品，这样可以降低样品的复杂性，从而降低 DGGE 分析时条带的多样性。在获得条带的序列信息后，可用 CHECK-CHIMERA 软件进行嵌合序列评估，然后在 GenBank 中进行比对分析，搜索最相似的序列。将全部序列对齐后构建系统进化树，得到待测样品的系统进化或分类信息。

由于 DGGE-DNA 测序分析需要每次对样品进行割胶测序，工作量大，操作烦琐，比较适合于一般的环境中微生物检测分析。DGGE 技术的一个显著特性就是可以同时对多份样品进行分析，因此可用于监测环境中微生物在时间或空间上的动态变化。即先对该区域微生物样品的总 DNA 进行提取，然后经过 PCR 扩增并进行 DGGE 分析，得到该区域所有微生物的 DGGE 图谱，在通过 DNA 测序分析得出每一个电泳条带所对应的微生物种属，从而建立起该区块总的微生物 DGGE 指纹图谱。在对后面的微生物监测时只需要得到该样品的 DGGE 图谱即可，通过和指纹图谱比对就可以实现对样品中微生物的定性。比如对微生物驱油产出液中目标菌的监测，应用 GIS 凝胶图像分析软件，分析微生物驱过程中的 DGGE 图谱，将样品菌条带与目标检测菌条带对照，样品中与目标菌条带迁移率一致的条带即为目标菌条带，其优点是定性准确，分析快速，大大减少了工作量。当然，如果得到样品的 DGGE 中有某个条带与指纹图谱中的条带无法对应上，则说明很有可能是新的菌种，要对其进行定性则需要对其进行割胶测序。

DGGE 条带染色后的荧光强度反映了该菌的丰度，条带信号越亮，表示了该菌的数量越多。因而 DGGE 电泳图不仅反映了微生物群落的结构和多样性，还可以判断优势菌和功能菌。配制已知菌浓，提取 DNA 后按上述操作进行 DGGE，采用 GIS 分析条带强度，按条带强度和菌浓作图，获得标准曲线。根据样品条带强度，计算出样品中对应的目标菌的菌浓。

5.1.6　安全、环保、健康风险预案

（1）宝力格油田地处边疆高原草原，方案实施过程中，必须遵守当地的

草原防火有关规定，严禁烟火。施工现场应有防火预案，并准备相应的防火器材。高危火情的气候条件，施工区域应提前打好防火沟。

（2）增强环保意识，各种化学药剂的储运、存放，必须符合环保的要求。特别是在野外施工时，化学药剂的临时存放，必须采取预铺塑料布等临时预防措施。药品的包装，在施工中要随时收捡，施工结束后要做到"场清料净"。

（3）施工动用的设备，在施工前应提前检修，坚决杜绝"跑、冒、漏、滴"现象的出现。如在现场发现存在问题，则应停止施工，并责成其返回修理。

（4）注意行车安全，严格执行行车安全规定。

（5）如发生药品泄露意外，应果断采取措施及时进行处理，将泄漏发生的区域封闭，泄漏物必须全部清除，并运送到合适的场所处理。

（6）严格执行油田公司 QHSE 其他相关管理规定。

5.2 现场应用效果评价

现场自 2012 年 5 月 1 日开始了对宝力格油田采取整体微生物驱，为了分析和评价微生物驱油效果，在微生物驱过程中对每口井的产油、含水、原油黏度及菌浓进行了详细监测，图 5-9 为宝力格油田 169 口油井在 43 个月内的菌浓、含水率及原油产量变化情况。

至 2015 年底，在宝力格油田总共进行了四个轮次的微生物注入（图 5-9 中箭头所示）。第一轮次注入微生物 60d，95d 后原油产量从 820t/d 显著增加到 920t/d，且在之后的三个月内原油产量保持在较高水平，波动不大，随后逐渐下降。为了持续发挥微生物在油藏中的生长繁殖及提高采收率效果，当现场监测发现采出水中的菌浓降至 10^5cells/mL 时便进行下一个轮次的微生物注入，以此类推。

从图 5-9 可以明显看出，按照自然递减曲线，至 2016 年底时原油产量会递减到 750t/d，然而，在采用微生物驱技术后，尽管在这四个周期内地层中的菌浓有一定的波动，但其原油产量稳中有升，并能够保持在 900t/d 左右。

在宝力格油田应用微生物驱期间，为了评价 MEOR 的效果，没有同时采用其他提高采收率的方法。根据产量递减曲线（根据油田产量递减规律预测不同时期的产量），在 43 个月的时间内，原油产量累计增长 2.1×10^5t，明显高于文献报道的其他 MEOR 现场应用效果。这可能是由于在储层中形成了一个稳定的微生物场，从而起到了显著的微生物提高采收率效果。

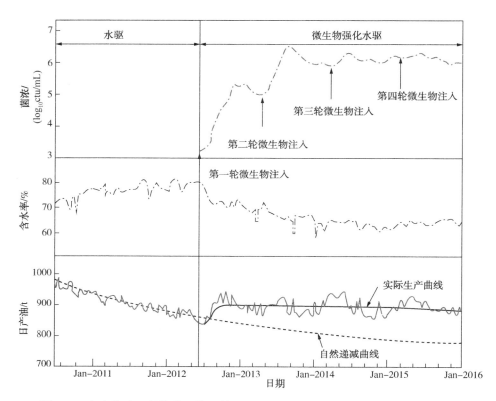

图 5-9　宝力格油田整体微生物驱前后油井产量、含水率及微生物数量变化曲线

虽然 MEOR 技术在宝力格油田现场应用总体效果显著，但仍有约 15% 的井增产效果不理想。这可能归因于以下几点：首先，部分井 (占总井数的 6% 左右) 地层均质性较差，经过长时间的水驱之后往往在地下形成大的通道，这就会导致注入的微生物快速从大通道穿过地层而到达生产井，这种情况是由现场监测到的微生物在地层中的停留时间较短反映出来的。在微生物强化水驱过程中，为了提高微生物在地层中的停留时间和波及体积，现场有必要结合聚合物深部调剖技术来选择性堵塞这些高渗透层。其次，一些井位于地下网络连通性差的地层内，尤其是一些边井，这会影响微生物在地层中的繁殖和扩散，从而导致在油井产出液中检测到的细菌密度较低，在宝力格油田整体微生物驱过程中，据统计大约 9% 的油井产出液中的菌浓低于 10^5 cells/mL。

5.2.1　调剖堵水效果

在宝力格油田整体微生物驱过程中，针对部分地下连通较好，产液量较大的井组，为了增加微生物在地层中的波及体积及停留时间，现场首先对其进行聚合物封堵，然后再进行注微生物驱。以巴51断块为例，通过对聚合物调剖前后注水压力、PI90值及视吸水指数监测发现，相对于措施前，措施后体系后注入压力上升、PI90增加，视吸水指数下降，见效特征明显，见表5-10。

表5-10 体系注入前后注入参数对比

序号	井号	措施前 压力/MPa	措施后 压力/MPa	PI90		视吸水指数/（m³/MPa）	
				措施前	措施后	措施前	措施后
1	巴19-32	7.4	10.0	0.61	0.81	4.1	3.0
2	巴19-23	7.0	9.0	0.65	0.88	4.3	3.3
3	巴19-15	5.1	9.3	0.61	0.80	5.9	3.2
4	巴38-44	6.2	10.0	0.68	0.85	6.5	4.0
5	巴51-91	4.0	9.4	0.60	0.89	7.5	3.2
6	巴51-72	10.3	11.4	0.39	0.50	2.4	2.2
7	巴51-78	10.4	11.0	0.35	0.54	2.9	2.7
8	巴51-25	10.5	11.1	0.32	0.62	3.8	3.6
9	巴51-27	10.8	11.2	0.31	0.50	2.3	2.2
10	巴51-13	10.3	11.5	0.30	0.51	2.4	2.2

图5-10为巴51-25和巴51-27在聚合物调剖后的吸水剖面变化，从结果可以看出，措施前后的吸收剖面得到了明显改善，其中巴51-25在措施前有两个主力吸水层，而且吸水量差异较大，分别为89%和11%，而措施后变为5个吸水层，而且吸水能力差异明显缩小；巴51-27措施前有3个吸水层，其中一个主力吸水层的吸水量达到了63%，但聚合物调剖措施后增加到6个吸水层，且不同吸水层位的吸水能力相当，结果表明聚合物调剖起到了显著的封堵高渗层，改变水流方向的目的，这为后面增加微生物驱波及体积奠定了良好基础。

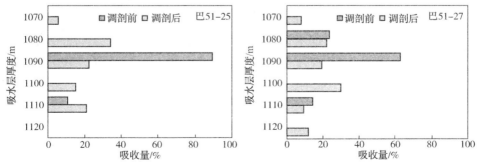

图5-10 巴51-25和巴51-27两口注水井聚合物调剖前后吸收剖面

5.2.2 产出液中营养液的跟踪监测

为了深入了解微驱过程中所注入的营养液组分在地层中的运移消耗规律，现场选择 8 口有代表性的井组并对其进行了跟踪检测。微生物注入时间为 2011 年 8 月 9 日至 9 月 27 日，持续注入微生物及营养液 48d。现场注入的主要营养液不同组分浓度分别为：葡萄糖 4000mg/L，氯化铵 1000mg/L，尿素 2500mg/L，磷酸二氢钾 100mg/L。监测参数包括葡萄糖、氯化铵（将尿素中的含氮量换算成氯化铵的形式）、磷酸二氢钾和菌浓，监测频率为每周一次，图 5-11 为微生物驱过程中 8 口生产井产出液中营养液不同组分葡萄糖、氯化铵以及磷酸二氢钾的浓度变化情况。

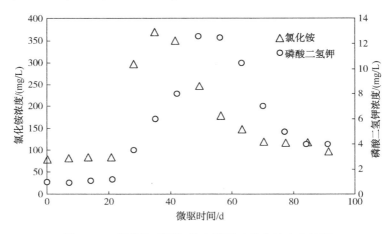

图 5-11　营养液不同组分在微驱过程中的变化情况

从监测结果可以看出，在该轮次微驱之前，上一轮微驱（2013.4.1～2013.5.22）注入的氮源和磷源还未消耗完，其中氯化铵和磷酸二氢钾的浓度分别为 80mg/L 和 1.1mg/L，但这两个组分的浓度对于微生物的生长来说已经很低了，而葡萄糖在产出液中根本监测不到，说明葡萄糖在地层中早就被消耗殆尽了。因此，为了维持地层中微生物的进一步生长和繁殖则非常有必要进行营养液的补充。

监测过程中发现，葡萄糖在产出液中始终无法监测到，而氯化铵和磷酸二氢钾的浓度在微驱进行的第 28 天开始明显上升，其中氯化铵浓度在第 35 天达到最大值 370mg/L，而磷酸二氢钾的浓度却在第 49 天达到最大值，12.6mg/L。从这两种组分的流出曲线可以明显看出，磷酸根在地层中的运移

142

速度要比铵根慢，该结果与这两种组分所带电荷有关，在地层环境下，岩石表面带正电荷，这样就会对带负电荷的磷酸根有一定的吸附作用，因此其在地层中的运移速度就会降低。当微驱结束后，营养液的浓度也开始以较快的速度降低，在微驱结束一个月后，注入的营养液组分也下降到了较低的水平。

5.2.3　微驱过程中菌浓监测

宝力格油田从 2010 年 5 月开始对整个区块进行微生物循环驱，在微生物驱油过程中，为了详细了解微生物在地层中的生长繁殖及微驱过程中的变化规律，现场对每一口油井产出液中菌浓变化进行了持续跟踪监测，结果见图 5-12。从图中可以明显看出，在进行整体微生物驱之前，整个油藏的微生物含量较低，不到 10^4 cells/mL，经过第一轮次的微生物注入后，产出液中的菌浓明显开始增加，在第一轮微生物注入结束 3 个月后，地层中的菌浓普遍升高到了 10^5 cells/mL 以上，但在微生物注入 5 个月后油藏中的微生物数量开始下降，为了继续增加并维持油藏中的微生物数量，又分别于 2011 年的 3 月、2011 年 10 月及 2012 年 6 月进行了三轮次的微生物及营养液补充注入，每次注入时间为 40~60d，三次累计注入量达到了 327600m³。经过前两个轮次的微生物注入后，在 85% 的油井产出液中检测到菌浓达到 10^6 cells/mL 左右，在经过第三和第四轮微生物驱后，油藏中的微生物数量基本不再显著增加，但能够维持在 10^5~10^6 cells/mL 左右，表明整个油藏已形成稳定的微生物场。

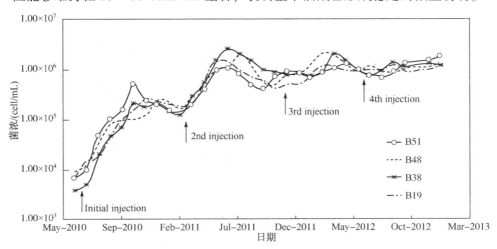

图 5-12　微驱过程中菌浓的变化曲线

室内实验及现场吞吐实验表明，当从注水井连续注入高浓度的菌液和营养液时，在注水井近井地带的微生物数量很快就能达到 10^8 cells/mL 以上，而且现场每轮次微生物的注入时间都在一个月以上，理论上产出液中的菌浓应该能够达到 10^8 cells/mL 以上，甚至更高。然而现场监测数据却表明，即使从注水井注入再多的菌液和营养液，产出液中的菌浓也很难达到 10^7 cells/mL 以上，这里存在的原因在第六章讨论。

微生物采油技术是利用微生物的菌体活动以及微生物的代谢产物来提高原油采收率的一种技术。在微驱过程中我们注入的目标菌在地层中的生长繁殖以及运移情况如何，单凭测定菌浓并不能反应目标菌在地层中的生长繁殖以及运移情况，因此对微驱过程中产出液菌群分析非常必要，通过分子生物学的方法对宝力格油田微驱过程中产出液菌群进行了跟踪监测，采用 DGGE 凝胶电泳对产出液中的菌群结构进行了定量分析，见图 5-13。结果发现在产出液中不仅检测到目标菌，而且通过几个轮次的微生物驱，这些菌在地层已经成为优势菌群，浓度达到了 5.1×10^5 cells/mL 以上。

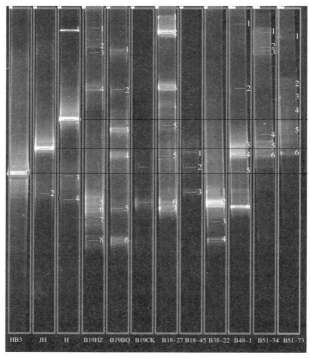

图 5-13　产出液菌群 DGGE 图

根据 DGGE 指纹图谱确定了微驱前后的菌群变化，见图 5-14。从微驱前后菌群种类及丰度对比可以看出，在微驱前弓形菌(硝酸盐还原菌、硫氧化菌)占 72%，而微驱后发酵菌类大量增加，除了有益菌 bacteroidetes 和 Geobacter 在微驱前后都是优势菌外，微驱前的其他优势菌在微驱后丰度大大降低，取而代之的是分布较均匀的其他有益菌。结果说明通过三个轮次的微生物及营养液注入后，不但目标菌在地层中得到大量繁殖，而且同时激活了地层中大量的有益菌。

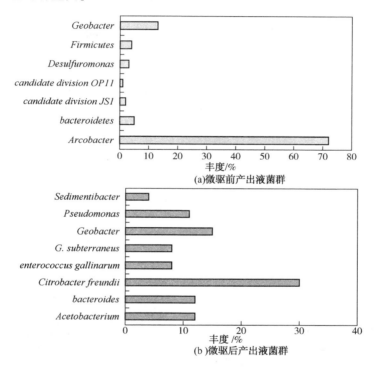

图 5-14　宝力格油田微驱前后菌群结构变化

5.2.4　微驱过程中原油黏度变化

（1）微生物驱前后原油黏度变化

注入的微生物对油层的直接作用主要体现在两点：即通过在岩石表面上繁殖占据空隙空间而驱出原油；通过细菌自身的降解作用和微生物代谢产物对原油的降黏作用而增加原油的流动性。因此，在微生物强化水驱过程中，通过监测油井产出液中原油的黏度变化不仅能够直观了解微生物对提高采收率效果，而且还能够间接判断微生物在地层中的生长繁殖情况，图 5-15 为宝力格油田微生物驱前后原油的平均降黏率，从图中可以看出，4 个断块微生物驱后原油的黏度都下降了 30% 以上，其中巴 51 断块原油黏度降低最为明显，降黏率达到了 46.4%，这表明注入的微生物明显起到了降低原油黏度，从而使原油流动性增加的目的。

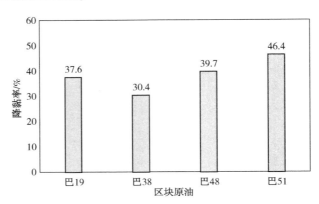

图 5-15 宝力格油田微生物驱前后原油平均降黏率

图 5-16 宝力格油田巴 51 断块微生物驱前后原油流动性及外观变化，可以明显看出，微生物驱前后的原油外观发生了明显改变，微生物驱前原油外观呈黑色，流动性很差，而在微生物驱后原油变为咖啡色，乳化现象明显，流动性显著增加。

图 5-16 宝力格油田微生物驱前后原油流动性及外观变化

（2）外输原油组分的变化

一般地说，原油的分子量越大，则黏度越高，原油中非烃含量（即胶质-

146

沥青含量)的多少对原油黏度有着重大的影响。沥青是具有短侧链的氧、硫氮化合物(稠环芳烃)，碳氢比大致为10，分子量从103到105，胶质与沥青组分相似，仅分子量比沥青小。两者均具有一定黏性，为黑色、半固体状的无定形物。大分子化合物(胶质-沥青质)的存在，引起原油液层分子的内摩擦增大，使原油黏度增大。重质馏分及胶质、沥青质含量多则黏度大。图5-17为微驱前后宝力格外输原油组成变化，从图中可以看出，微生物驱后的原油组成发生了明显改变，其中含蜡量降低了4%左右，胶质含量降低了1.8%，这种改变体现了微生物对原油中长链烃的降解作用。含蜡及胶质含量的降低有效降低了原油的凝固点和黏度，从而有利于原油采收率的提高。

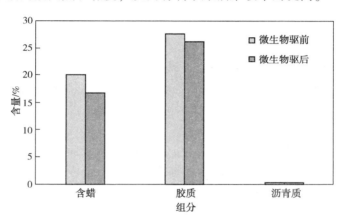

图5-17　微驱前后宝力格外输原油物性变化图

（3）降黏对油井日常维护工作的影响

宝力格油田属于低温稠油油藏，因此在开采过程中需要对油井进行电加热，同时还要定期对油井进行维护，主要包括油井检泵及对结蜡严重的油井进行清洗蜡作业，每年在这方面也消耗较高成本。通过对比微生物驱作业前后的监测数据发现，这4个断块在微生物驱后对电加热的依赖状况得到明显改善，而且清蜡洗井工作量也显著减少，见图5-18。

宝力格油田于2010年5月份开始微生物驱，在这之前，以4月份为例，巴19、巴38、巴48及巴51断块的清蜡洗井作业分别为12井次、21井次、8井次及32井次；到5月份时，虽然开始进行微生物驱，但由于见效时间问题，油井的清蜡洗井工作基本没有变化；到6月份时，由于微生物驱油开始见效，这4个区块的洗井工作量也开始减少，之后由于微生物驱油效果的进一步体现，相应洗井工作也继续减少；到8月份时，这4个断块的清蜡洗井

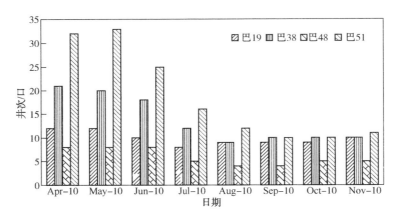

图 5-18   宝力格微驱前后清蜡洗井工作量对比曲线

作业分别降低到了 9 井次、9 井次、4 井次及 12 井次，尤其是巴 51 断块原油黏度最高，其效果也最显著，洗井次数减少了 62.5%，同时延长了检泵周期。

5.2.5   代谢产物分析

目前研究表明，微生物代谢产物主要包括生物表面活性剂、有机酸、生物气及有机溶剂等，这些代谢产物在提高采收率方面发挥重要作用，在微生物驱油过程中，通过对油井产出液中微生物代谢产物的分析可以进一步深入了解微生物在油藏中的代谢情况，同时为了解现场微生物驱油机理及工艺设计提供数据支持。

（1）现场有机酸监测

为了对微驱效果进行评价以及深入了解注入的微生物及营养液在地层中的生长繁殖及代谢情况，从而为现场进一步提高微生物驱油效率提供理论支持，现场选取 8 口有代表性井组对微驱过程中的有机酸含量变化行了跟踪监测，监测周期为每月一次，图 5-19 为 8 口井组测得的有机酸平均浓度变化。

从监测结果来看，产出液中的有机酸主要以乙酸为主，其次是丙酸，其他小分子有机酸含量很低，没检测到长链酸。从图中可以看出，有机酸浓度在微驱过程中变化明显，在微驱第 42 天达到最大 419mg/L，在微驱结束第 30 天后开始显著降低，其变化规律和示踪剂一致。该结果一方面表明注入的葡萄糖在地层中很快被代谢为有机酸，这和现场始终在产出液中监测不到葡萄糖的结果相符；另一方面反映了有机酸在地层中的吸附较弱，因此通过监测产出液中的乙酸浓度变化就可以了解葡萄糖在地层中的代谢及运移情况。

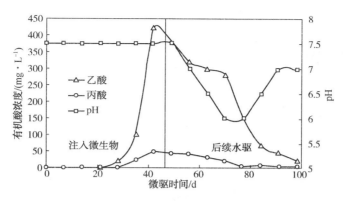

图 5-19　微驱过程中有机酸浓度及 pH 变化

从图 5-19 的 pH 值变化看，虽然在微驱过程中其值是先减小后增大，但其变化规律与有机酸含量并不太一致，原因是宝力格地层水为 NaHCO₃ 型，平均浓度达到 6300mg/L，由于 NaHCO₃ 为强碱弱酸盐，对外界酸碱具有一定的缓冲作用，因此，初始产生的有机酸对地层水的 pH 改变并不明显，随着 NaHCO₃ 逐渐被中和，其缓冲能力逐渐减弱，因此后面产生的有机酸使产出液的 pH 值开始下降。当营养液停止注入时，随着葡萄糖浓度的迅速消耗，有机酸含量也开始下降，一方面有机酸作为一种重要的中间产物会进一步转化为其他产物，比如二氧化碳、甲烷气体等，另一方面有机酸又可以作为微生物进一步生长繁殖的碳源而被消耗，因此微驱停止后有机酸含量下降明显，产出液的 pH 随之升高。

（2）生物表面活性剂分析

取 500mL 产出液，离心/过滤除去菌体，上清液用乙醚进行萃取三次，最后有机相用旋转蒸发仪在 40℃蒸干，产物转移到 2mL 离心管中冰箱保存。取萃取样品 5μL 进样，采用 HPLC 进行分析，通过与指纹图谱对照对产出液中的脂肽组分进行定性，通过峰面积进行定量，结果如图 5-20 所示。实验发现，在所监测的井组中仅有少部分井口产出液中检测到了脂肽，但浓度都很低，小于 0.1mg/L。分析原因，一是注入微生物在油藏中代谢表活剂的量有限；二是产生的生物表面活性剂在地层运移过程中也会被微生物进一步分解掉；三是原油对表面活性剂有一定的吸附作用，产出液中表活剂主要分布在油水界面上，当分析前除去原油时，表面活性剂也随原油一起被分离掉了，自然水中的脂肽浓度就非常低了，通过大量实验也证明了这个结论。

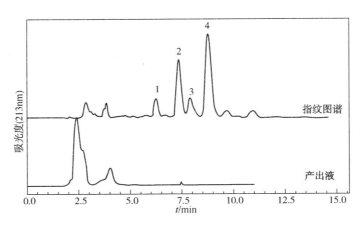

图 5-20　脂肽标准品及产出液样品色谱图

（3）生物气分析

在微生物驱过程中，在每个断块选择几口有代表性的油井，每隔 10d 通过气体取样器从油井取样，并依据 GB/T 13610—2014《天然气的组成分析—气相色谱法》对其组分进行分析，结果见表 5-11，从结果可以看出气体组分发生了明显改变，尤其是在微驱后微生物代谢的 N_2 相对含量明显增加以及甲烷和二氧化碳相对含量发生改变，这表明注入的微生物在油藏中产生了大量气体。实验表明，在好氧情况下微生物以产二氧化碳为主，而在厌氧条件下产甲烷气体为主，因此，随着微生物在油藏中发酵过程的改变，气体组分的相对含量也发生了明显改变。

表 5-11　微驱前后产气分析

井号	时间	$CH_4/$ %	$C_2H_6/$ %	$C_3H_8/$ %	$iC_4/$ %	$iC_5/$ %	$iC_5/$ %	$nC_5/$ %	$CO_2/$ %	$N_2/$ %	$C_6/$ %	$(CH_4+CO_2+N_2+H_2)/$%
巴48	2011.4.22	64.4	3	2.7	0.5	1	0.3	0.4	16.6	11	0	92
	2011.8.23	65.3	5.2	3.7	0.78	1.7	0.06	0.68	0.51	10.7	11.2	76.51
	2011.10.14	73.96	3.159	2.81	0.49	0.88	0.21	0.185	0.92	17.32	0.08	92.20
巴51	2011.4.22	79.9	3.7	4.2	1	0.9	0	3.2	5.8	0.4		88.9
	2011.8.23	70.96	4.6	2.95	0.62	1.37	0.45	0.57	0	9.37	9.1	80.33
	2011.10.14	50.06	2.84	3.57	0.80	1.39	0.34	0.282	0.957	39.62	0.14	90.64

从现场不同断块微驱前后井口产气分析看，气体组分发生了明显改变，尤其是微生物代谢的 N_2 相对含量在微驱后明显增加，甲烷和二氧化碳相对含

量也发生了改变。从微驱过程中油井套管压力的变化也说明，微生物产气量的增加使地层压力明显上升，见图5-21。

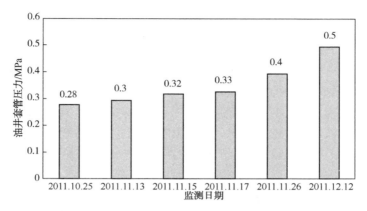

图 5-21 油井套管压力随微驱时间的变化情况

理论上，在地层稳定的微生物群落下，微生物产气组分也是相对恒定的，但随着微驱过程中微生物及营养液的注入，一方面外来的优势菌群数量显著增加，另一方面地层中的内源微生物被激活，地层中的菌群结构发生明显改变，因此井口产气量和气体组分也会有所改变。现场监测发现巴51的部分井在微驱后甲烷相对含量有所下降，但这并不意味着产气总量降低了，反而是证明在微驱后地层产气量明显增加，且在产生的气体中，二氧化碳和氮气的比例更高一些。产气量的增加可以有效增加地层压力，降低原油黏度，从而达到提高采收率的作用。

5.3 聚合物调剖-微生物组合驱见效特征

在宝力格油田进行整体聚合物调剖-微生物组合驱现场应用过程中，通过对现场应用效果分析评价发现，经过聚合物调剖-微生物组合驱措施后除了地层中微生物数量及目标菌含量都显著上升，原油及产气量上升，黏度下降外，还发现不同油井具有以下见效特征。

（1）注水压力上升，吸水剖面改善

对措施前后注入井特征参数进行计算并统计发现，经聚合物调剖-微生物组合驱实施后，注入井整体表现为压力上升，$PI90$ 指数增大，视吸水指数下降，说明微生物驱油技术实施后，封堵了高渗透条带，改善了纵向吸水剖面，改变了后续水驱渗流方向，扩大了波及面积。依据高压压隶实验可知，注水压力的上升，原有渗流通道阻力增大，在措施前后配注量不变的情况下，为了平衡吸水量和压力，需要增大吸水厚度，主流线两侧物性相对较差，喉道比较细小，需要更大的启动压力才能启动，而注水压力的提高，能够启动主流线两侧的油层，压力越大启动的孔隙或喉道越细小，剖面得到改善，变不可动原油为可动原油，启动了地层中更细小空间内的原油，增加了油井的产量。

（2）功能菌数量增加，菌群结构稳定

在宝力格油田整体微生物驱过程中，对部分有代表性井组在微生物驱措施前后的菌群结构变化进行了分析，结果表明，对于措施有效井，措施前后微生物菌群结构和主要功能菌均发生了较大的变化，目标菌及地层中的有益菌成为优势菌群，措施3个月后这些优势菌群数量显著增加。注入菌种在近井地带有氧和营养充分的条件下大量繁殖和代谢，产生大量的生物表面活性剂，随着注入水的不断注入，菌种被带入远井厌氧地带，在无氧和营养匮乏的情况下，以原油作为唯一碳源继续繁殖和代谢，不断作用于远井地带的原油，提高原油采收率。对于措施无效井，措施前后优势菌种和数量均变化不大。

（3）连通层发育好的生产井增油效果较好

根据微生物驱现场监测结果，通过统计发现，微生物驱油效果与注水开发规律基本一致，即注水受效好的，微生物驱一般效果较好。以巴51断块为例，该区块包括注水井24口，对应油井53口，由于不同油水井的地下连通情况差异较大，导致其微生物驱效果也有很大差异，任意选取5口地下连通差异较大的油井（巴51-11、巴51-34、巴51-20、巴51-38及巴51-52）进行对比，结果见图5-22。

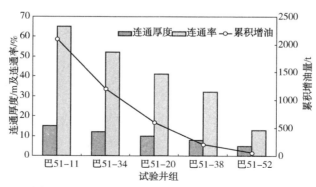

图5-22　连通厚度及连通率与累积增油量的关系

从图中可以明显看出，连通性好的油井增油量明显高于连通性差的油井，

152

其中巴 51-11 连通性最好，其累积增油量达到了 2105.27t，而连通性最差的巴 51-52 累积增油量仅为 58.15t。分析其主要原因如下：

① 连通层在油水井方向均发育好的井一般增油效果较好。

② 对于油水井连通层较差或者不连通的井层，由于油井尚未受到注水的影响，微生物也无法进入此类井层，微生物及其代谢产物也无法起到应有的作用，增油效果较差。

③ 连通层在水井方向发育差，通过注入微生物，改善了吸水结构，薄差层吸水量增加，从而使连通油井产油量上升。

④ 油水井地层条件发育差或平面矛盾突出，注水受效差或不受效，微生物驱增油效果较差。

（4）增油效果与见菌时间呈正相关性

以巴 51 断块 5 口有代表性井组为例，根据对油井产量、菌浓及见菌时间的统计发现，增油效果与见菌时间及峰值菌浓的关系见图 5-23 和图 5-24。

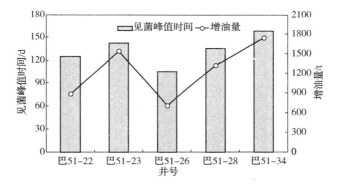

图 5-23　见菌峰值时间与增油量的关系

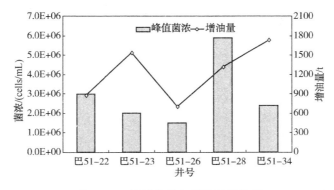

图 5-24　峰值菌浓与增油量的关系

153

从这两个图中可以看出，在微生物驱油过程中，油井增油量与见菌时间成正比，即微生物在地层中停留时间越长，在油井见菌时间越晚，增油效果越显著，而与峰值菌浓没有必然联系。这是因为注入的微生物在地层中停留时间越长，表明微生物在油藏中代谢的量越大、波及范围越广、与原油作用时间越长，因此增油效果也就越明显。而峰值菌浓高并不代表微生物在地层中停留时间就长，有些井组由于在地层中存在优势通道，注入的微生物很快就穿过地层，其在地层中的波及范围和作用时间非常有限，因此增油效果自然就不理想。当然，影响微生物驱提高采收率效果的因素很多，除了停留时间和菌浓外，还有其他因素，比如地下连通性及受效方向等。

（5）增油效果与油井受效方向有关

根据现场应用效果分析发现，不同油井增油效果除了与地层连通性、菌浓和见菌时间有关外，还与工艺措施及受效方向有关，以巴 51 断块为例，该区块有油井 53 口，其中包括中心井 19 口、边井 16 口及角井 19 口，见图 5-25，聚合物调剖前后的油井见效情况见图 5-26。

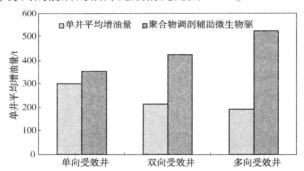

图 5-25　油井受效方向与增油量的关系

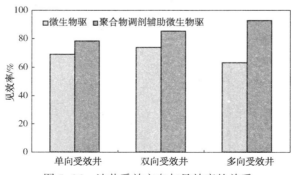

图 5-26　油井受效方向与见效率的关系

154

根据对微生物驱过程监测统计发现，在聚合物调剖前，有 11 口边井增油效果明显，占边井总数的 68.8%，平均单井增油 300.31t；增油效果明显的角井有 14 口，占角井总数的 73.7%，平均单井增油 212.85t；增油效果明显的中心井有 12 口，占中心井总数的 63.2%，平均单井增油 191.8t。单井增油量依次为边井>角井>中心井，有效期与单井产油量一致，有效率：角井>中心井>边井。但在对注水井进行聚合物调剖后，微生物驱有效率与聚合物调剖前的油井受效关系刚好相反，即聚合物调剖后增油明显的中心井达到 92.5%，角井为 85.3%，边井为 78.2%，其对应的单井平均产量分别为 521.45t、424.91t 和 352.14t。与聚合物调剖前的效果相比，经聚合物调剖后的油井产量和见效率都明显增加，而且受效关系也发生了变化，即单井增油量和受效率依次为中心井>角井>边井。

分析原因主要是边井、角井、中心井微生物驱效果不仅与地层连通性和菌浓有关，还与地层的含油饱和度有关。注微生物前，中心井由于多向受效，单井采出程度较高，剩余油含量较低，而角井和边井采出深度低，含油饱和度高，因此采用微生物驱后单井增油和有效率呈现角井>中心井>边井的情况，但在经过聚合物调剖辅助微生物驱后可有效增加微生物在储层中的波及体积，也使得更多的之前未动用原油得以驱替出，此时由于中心井多向受效的关系，其增油效果和有效率增加最为明显，而角井和边井分别为双向受效和单向受效，因此其单井增油量和见效率都依次降低。

（6）改善原油物性，提高原油流动性

微生物作用原油主要从两个方面实现，一方面是通过微生物细胞本身的繁殖和代谢活动降解原油长链轻，降低原油黏度，提高原油流动性；另一方面是通过微生物代谢产物作用于原油，乳化降低原油黏度，提高原油流动性。为了进一步验证微生物提高采收率机理，掌握微生物对地层原油降解作用的效果，对微生物驱油实施前后原油的物性和组分进行分析，监测结果表明，微生物及其代谢产生的活性物质能够降低原油黏度，降黏率 50%以上，同时能够使原油中的蜡、胶质、沥青质等重质组分轻质化，改善了原油物性，降低了原油黏度，实现了原油黏度的永久降黏，提高了原油在油层中的流动性。

（7）剩余油饱和度

剩余油饱和度是所有措施效果保证的前提和物质基础，因此实施任何措施前都必须对剩余油或挖潜潜力进行监测和评价。物模实验结果表明，应用真实砂岩微观水驱油模型模拟注水开发油藏水驱后剩余油的数量和分布状态，由于水驱渗流通道的不同使得剩余油状态和数量存在很大的差异，作为增油效果的物质基础，增油效果的好坏取决于剩余油饱和度的多少和面积的大小。从图5-27可以看出，在相同的试验条件下，增油效果与剩余油饱和度呈正相关关系，相关系数为0.8534，与采出程度呈负相关关系，相关系数为0.8198。这说明随着剩余油饱和度的增加，采出程度的降低，增油效果明显。对于低渗透储层来说，由于受其原始含油饱和度、微观孔隙结构和渗流通道的限制使得水驱采出程度较低，递减较大，剩余油饱和度较高，因此增油效果较好。

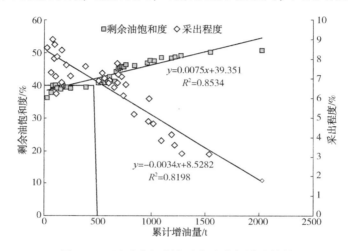

图5-27　试验井组剩余油饱和度与增油效果

（8）储层物性

为了进一步验证物性对微生物驱油效果的影响，对其中实施微生物驱油的35个井组孔隙度、渗透率和孔渗比进行分析，见图5-28、图5-29，现场试验效果表明，在相同的试验条件下，增油效果与孔隙度呈正相关（图5-28），线性相关系数为0.742，与渗透率呈负相关（图5-29），线性相关系数为0.7194，与孔渗比成正相关，线性相关系数为0.7468（图5-30）。

总之，随着地层孔隙度的增加，渗透率的降低，增油效果明显，这也是低渗透储层采收率低的主要原因之一。对于低渗透储层，由于后期成岩改造作用，使得储层中的原生孔隙消失殆尽，后期的改造作用形成的次生孔隙主要以溶蚀孔隙为主，微观孔道整体较小，粗孔道较少，连通性较差，甚至于不连通，毛管力较大，造成水驱油路线单一，水驱沿着压力较低的主流线推进，水线推进速度较快，水淹程度较高，波及面积较小，最终驱油效率低，剩余油潜力较大，因此增油效果好。由相关系数来看，孔渗比>孔隙度>渗透

156

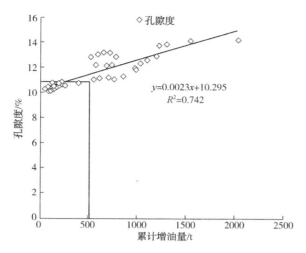

图 5-28　试验井组孔隙度与增油效果的关系

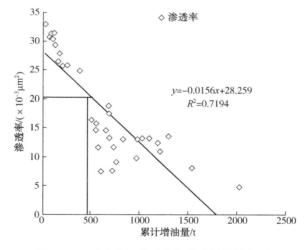

图 5-29　试验井组渗透率与增油效果的关系

率，因此，所选油藏的孔渗比不小于 0.5，孔隙度不小于 11%，渗透率不低于 $20×10^{-3}\mu m^2$。

（9）水线推进速度

微生物驱油效果的好坏，除要求剩余油较多外，还要求微生物在地层中的繁殖能力和代谢水平较强，这就要求微生物要在地层中有足够的滞留时间，以保证微生物及其代谢产物在地层中的活性，即水线推进速度与微生物代谢

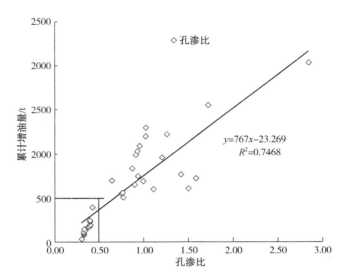

图 5-30　试验井组孔渗透比与增油效果的关系

繁殖能力相匹配。水线推进速度主要与孔喉之间的连通性相关，连通性不好，启动压力较高，水进不去或水线推进速度非常慢，推广到生产上，就是注水不受效井，不管注水井提高或降低配注，对应生产井均无反应。对于连通性好的井，最大的优势就是受效比较快，但是水淹也比较快，呈现出暴性水淹的现象，这主要是由于地层中存在高渗透条带，使得水线推进速度较快所形成的。对于以水作为载体的微生物来讲，面临同样的问题，水线推进速度和微生物的繁殖能力和代谢水平必须保持一致，因此，对现场测试的水线推进速度与增油效果进行统计，验证了微生物驱油效果与水线推进速度的匹配关系，见图 5-31。

　　从图 5-31 可以看出，随着水线推进速度的增加，增油效果表现出先增加后降低的趋势特征。水线推进速度小于 1m/d，说明油水井之间的连通性较差，注入微生物很难波及生产井周围，产量变化较慢或基本无变化，增油效果较差；水线推进速度在 1~5m/d，增油效果较好，这主要是因为水线推进速度与微生物繁殖能力和代谢水平匹配性较好，生产井持续受效，有效期长，增油效果明显；水线推进速度大于 5m/d 时，油水井存在窜流现象，注采体系进入无效循环，使得微生物在油层中的作用时间太短，代谢产物活性较低，有增油效果，但是有效期较短，因此需要将微生物繁殖和代谢能力与水线推进速度相匹配，才能起到更好的增油效果。

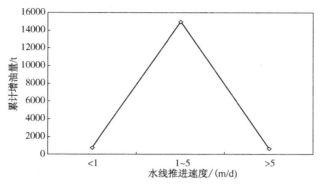

图 5-31　试验井组水线推进速度与增油效果关系

（10）井组含水

井组含水一方面表示高含水的来源，另一方面表示油水井之间渗流通道的大小。对现场试验井组含水情况与增池效果进行统计，见图 5-32。从图中可以看出，随着含水的上升，增油效果呈先上升后降低的趋势，这主要是由于注入的微生物菌种是以水作为载体，随注入水携带进入地层，含水较低，说明油水井连通性较差，导致注入水很难或尚未波及对应生产井，增油效果较差；而井组含水太高时，油水井之间存在较大孔道，造成注入水突进，微生物菌种的繁殖和代谢时间受到一定的限制，微生物菌种在有限的时间内代谢产物活性不高，增油效果也较差。这与室内实验得出的微生物驱油时机为含水 75%~85% 的结论一致，因此在注微生物菌剂之前，需要增加前后封堵段塞，保证微生物在地层中的繁殖及其代谢产物的水平，这样才能更好地作用于地层中的原油。由图 5-32 可以看出，微生物驱油对于井组含水的要求为 80%~98% 之间为宜。

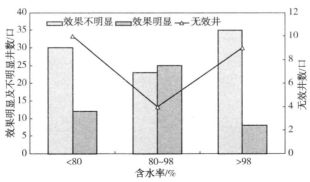

图 5-32　试验井含水与增油效果关系

159

第6章

影响微生物驱作用因素

在微生物驱油过程中，影响最终提高采收率效果的因素很多，除了细菌自身性能、营养剂激活体系、油藏环境外，还包括现场工艺设计及施工工艺等。

通过对现场产出液的监测结果表明，经过一段时间的整体微生物驱后，虽然油藏中的微生物场已经形成，注入的微生物起到了明显的驱油效果，然而仍有一些问题值得深入探讨：

① 微驱产出液中为何监测不到葡萄糖？营养液在地层中的吸附、消耗及运移规律是怎样的？

② 微生物在地层中的繁殖、分布规律及其与提高采收率的关系。

③ 微生物场形成的标准是什么？

本章通过室内试验结合现场微生物驱监测结果，对上述问题进行系统探讨。

6.1 不同营养液组分在岩心中的吸附实验

采用 1m 填砂岩心管进行营养液组分的动态吸附试验，首先对岩心驱替系统及注入营养液进行灭菌操作，以 1.0mL/min 的流速将混合营养液注入岩心管中，注入体积为 0.5PV，然后用蒸馏水在相同的流速下进行驱替，其中营养液初始浓度分别为葡萄糖 4000mg/L，氯化铵 2000mg/L，磷酸二氢钾 1000mg/L。对驱替液进行分段收集并测定这 3 种组分的浓度变化，图 6-1 为这 3 种组分的流出曲线，根据流出曲线和 x 轴所包围的面积可以计算出葡萄糖、氯化铵和磷酸二氢钾的回收率分别为 83.2%、98.5%和 98.9%。

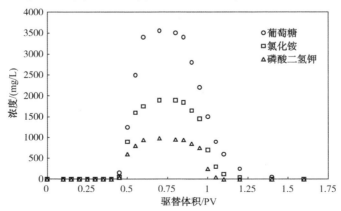

图 6-1 注入营养液不同组分在填砂岩心中的流出曲线

从这 3 种组分在岩心中的流出曲线可以看出，氯化铵和磷酸根在岩心上的吸附很小，流出曲线基本对称，而葡萄糖在岩心中吸附较强，达到了 0.079mg/g，流出曲线出现明显拖尾现象。

营养液不同组分的运移速度与吸附强弱成反比，吸附性越强，则其在地层中解吸附的速度就慢，从而导致其在地层中的运移速度就慢，正是这种营养液不同组分在地层运移过程中存在选择性保留机理使得营养液在运移一段时间后就会出现在注入井和生产井之间的不同距离上，营养液不同组分的相对浓度会发生变化，尤其在地层中长距离运移下这种分布差异更加明显，显然这种结果是不利于微生物的生长繁殖的。

6.2　营养液组分的运移消耗规律

通过对现场监测发现，作为微生物生长代谢最重要的碳源葡萄糖始终无法监测到，同时氮源和磷源的浓度变化规律也不一样，为了弄清楚这些问题，室内通过 10m 岩心物模实验对营养液组分的运移代谢研究进行了研究。

（1）菌液及营养液配方

实验材料：10m 长管全自动岩心驱替装置，人造填砂岩心管 10m×5cm，渗透率为 $1100 \times 10^{-3} \mu m^2$。菌液微生物组成为 LC : JH = 1 : 1，菌浓为 2×10^8 cells/mL。

营养液配方：葡萄糖 4g，氯化铵 2g，磷酸二氢钾 1g，酵母膏 0.08g，蛋白胨 1g，蒸馏水 1L，pH7.0。

（2）实验方法

首先对填砂岩心用地层水进行饱和，然后以 0.2mL/min 的速度向 10m 岩心管注入 0.5PV 的菌液和营养液（细菌密度>2×10^6 cells/mL，约 3550mL），然后连续注入地层水。在连续微生物驱及水驱过程中，定期测量葡萄糖、氯化铵、磷酸二氢钾和有机酸在岩心管中的浓度分布，设计沿程取样点 10 个，其中包括出口。

（3）营养液不同组分在微驱过程中的运移分布

由于在现场微驱过程中营养液的注入速度受到地层渗透率、注入压力的影响不可能太快，另外由于注入井到生产井的井距一般都在 200m 以上，根据现场对产出液中营养液的跟踪监测发现注入的营养液在地层中运移的时间一般都大于 25d。为了尽量模拟营养液在地层中的运移及滞留时间，实验在最低驱替速率(0.2mL/min)下连续注入含营养基菌液0.5PV，菌液在岩心管中的理论运移时间为24.7d(在没有吸附的前提下)。实验温度为38℃，压力3~5MPa，在连续注入过程中，分别在第3天、6天、12天和25天在10个取样点各取一次样进行测定，结果见图6-2和图6-3。

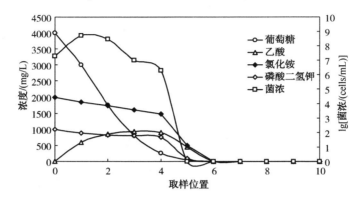

图6-2　菌液注入第12天在不同取样点的营养组分和菌浓的分布

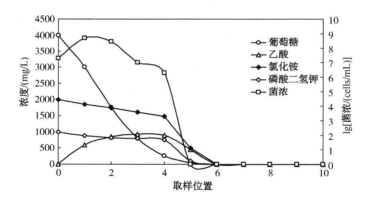

图6-3　后续水驱第13天在不同取样点测得的营养组分和菌浓的分布

图6-2的测定曲线表明，在菌液连续注入过程中，葡萄糖浓度随注入前沿降低的较快，在注入的第12天，前沿葡萄糖浓度几乎降为0，而乙酸的浓度却随注入前沿逐渐升高，浓度最高达到925mg/L，表明葡萄糖在运移过程中除了少部分被岩心吸附外，大部分在前12天的时间就完全被代谢成了有机酸了。菌浓在第一和第二取样点有所升高，达到了10^8cells/mL，随后又开始下降，这主要是因为在靠近进口端，一方面葡萄糖浓度较高，另一方面营养液中带入的氧气也有利于微生物的生长；随着距离注入端越

远，葡萄糖浓度很快被消耗，而且厌氧环境等因素都使得菌浓有所下降。另外在第 5 取样点可以检测到乙酸的浓度为 450mg/L，而该点菌浓却几乎为 0，表明菌体在岩心中由于自身体积的过滤效应和吸附作用，其运移速度要比营养液慢。

在后续水驱（经灭菌的地层水）第 13 天时，在所有取样点都未检测到葡萄糖，而乙酸的浓度在第二取样点以前的浓度也为 0，在第 7 取样点的浓度最高，而后又有所降低，见图 5-27，说明葡萄糖在运移到离注入端 5m 后就基本消耗完，再经过水驱后，靠近注入端的乙酸浓度在水的驱替及稀释下自然减小。从不同位置微生物数量分布看，此时虽然营养组分已经被水驱替到取样点 5 以后的位置，但菌浓仍有 10^4 cells/mL，说明虽然靠近进口端的营养物浓度很低，但前面滞留的菌体仍有一定数量，在取样点 4 之后菌浓有所升高，这是因为虽然葡萄糖被耗完，但微生物可以继续利用有机酸作为碳源以维持其生长繁殖。

氯化铵的浓度在第 5 取样点以前虽然随注入前沿逐渐降低，但降低的幅度较小，而在第 5 取样点以后下降较快，其浓度变化趋势和葡萄糖浓度变化有一定对应关系，即前半部分由于葡萄糖浓度相对较高，微生物优先消耗葡萄糖，随着葡萄糖逐渐被耗尽，微生物开始加速消耗氮源，微驱过程中监测到的 pH 值先降低后升高的变化也充分说明了这一点。磷酸二氢钾的浓度变化基本恒定，出口端监测到磷酸二氢钾的浓度仍有 600mg/L 以上，这表明注入的磷酸二氢钾浓度偏高。

6.3 微生物在地层中的繁殖、运移及分布规律

（1）微生物在地层中的运移速度

室内试验及现场分析发现，磷酸根在地层中的吸附很小，其运移速度与示踪剂非常接近，因此现场以磷酸根的运移速度作为参照就可以了解微生物运移的快慢，图 6-4 为巴 51 断块 5 口井监测的平均结果。

从图中可以看出，该断块从 2011 年 8 月 9 日开始注 1%菌液+0.81%营养液，在监测的第 24 天从生产井观察到磷酸根浓度开始上升，到 2011 年 9 月 23 日浓度达到最大值，而微生物数量的变化却远滞后于磷酸根，菌浓在微驱后第 50 天才开始明显升高，在第 60 天左右达到最大值，该结论表明地层对微生物具有较强的吸附作用。

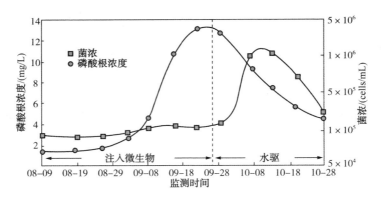

图 6-4 微驱过程中菌浓和磷酸根浓度的变化情况

（2）室内物理模拟微生物在地层中的生长繁殖及运移分布

通过对现场微生物驱的连续监测发现，虽然从注水井连续注入高浓度的菌液和营养液，但油井产出液中的菌浓却很难达到 10^6 cells/mL 以上，为了了解产出液中的菌浓与注入浓度之间的关系，实验采用不同注入方式来进行考察。注入方式分别为：营养液+菌液连续驱、0.5PV 菌液段塞+水驱及 0.5PV 菌液段塞+营养液驱，其中注入的菌液微生物数量为 $5×10^8$ cells/mL 左右，同时跟踪监测微驱过程中不同时间产出液中的微生物数量，结果见图 6-5。

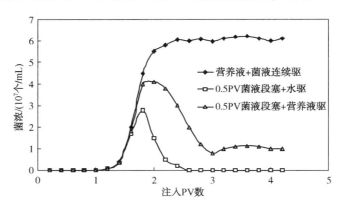

图 6-5 不同注入方式下岩心出口端微生物数量的变换曲线

实验发现，在模拟地层渗透率条件下无论采取哪一种方式，在出口端的菌浓都达不到 10^8 cells/mL，这比注入菌浓低 1~2 个数量级，即使连续注入高浓度的菌液和营养液，在出口端产出液中的菌浓也达不到注入浓度。将实验结束后的岩心打开分析发现岩心空隙中存在大量滞留的微生物，从数量分布

166

来看越靠近注入端微生物数量越多，该结论了也进一步说明岩心对微生物具有较强的吸附和过滤作用，这也是在现场产出液中仅能检测到部分注入菌的原因。

（3）岩心渗透率对微生物运移的影响

由于微生物菌体本身具有一定体积，一般都在微米级，当微生物在岩心空隙中运移时除了产生吸附作用外还会由于孔喉的大小而产生排阻效应，即有部分菌体会因为孔喉太小而不能顺利通过，图6-6为不同岩心渗透率（$145\mu m^2$、$730\mu m^2$及$1500\times10^{-3}\mu m^2$）对不同体积菌体（LC：球状，$0.4\mu m\times0.4\mu m$；JH：细胞杆状，$1.2\mu m\times2.5\sim3.0\mu m$）的过滤作用。

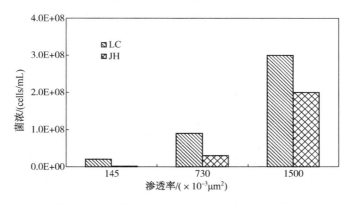

图6-6　不同岩心渗透率对产出液中菌浓的影响

实验采用三根不同渗透率的岩心进行实验，在其他条件相同情况下各注入1PV混合菌液（LC：JH=1：1），然后在岩心出口端监测菌变化。从图中可以看出，岩心渗透率越低产出液中菌浓也越低，当岩心渗透率由$145\times10^{-3}\mu m^2$增加到$1500\times10^{-3}\mu m^2$时，岩心出口端的菌浓也由7×10^6 cells/mL增加到3.5×10^8 cells/mL，说明岩心渗透率是影响微生物运移的一个重要因素；另外菌体体积越大，在岩心出口端检测到的菌浓越低，即较大菌体更难顺利通过地层。

（4）现场微驱过程中微生物数量在地层中随时间和距离的变化规律

通过现场监测结果并结合室内物模实验可以得出现场微驱过程中微生物在不同时间及不同位置的分布情况，见图6-7。

假设微生物及营养液段塞注入时间为30d，油水井距离250m。在微驱前，地层中原有的菌浓为10^5cells/mL左右，当微驱开始后，随着目标菌及营养液的连续注入，由于在近井地带注入的营养液富含微生物所需要的营养及氧气，此时目标菌及内源菌开始迅速增殖，微生物的生长曲线类似于室内摇瓶培养，

167

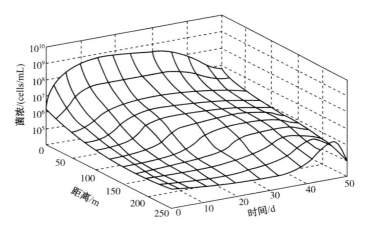

图 6-7　微生物数量在地层中随微驱过程中的变化及分布

并在 2~3d 内达到 10^8 cells/mL 以上，而且只要井口注入的营养液不停止，近井地带的微生物数量就会一直维持着较高的数量。由于注入的营养液在向前运移的过程中被快速消耗、吸附，营养物浓度越来越低，而近井地带高浓度的微生物由于自身疏水性及地层孔喉对细菌的排阻效应使其不能顺利随营养液一起向前快速运移，从而导致菌浓随距离注入井越远其数量越低。地层对微生物的吸附和排阻效应使得微生物运移的速度较流体前沿慢，因此在油井产出液中观察到菌浓的变化具有明显的滞后性。现场监测发现，微生物从注水井到生产井一般需要 45d 以上，比磷酸根要滞后半个月以上。当微驱结束后，在水驱作用下，由于注水井附近营养液浓度的迅速降低，而对应油井附近营养物浓度本来就不高，因此整个油藏中的微生物数量开始下降。

（5）营养液、微生物及其代谢产物在地层中的运移规律

通过现场监测数据我们可以进一步了解营养液、微生物及其代谢产物在地层中的运移规律，如图 6-8 所示。

在经过几轮的微驱之后，地层中已经含有一定浓度的 N 源，而其他营养组分浓度很低。在目标菌及营养液从注水井进入到地层以后，一方面在近井地带营养物的浓度高，另一方面注入的营养液带入了一定的氧气，因此目标菌及内原菌开始迅速繁殖，菌浓显著增加并产生大量代谢产物。随着目标菌及营养液的连续注入，这些微生物、营养液及微生物代谢产物开始沿着低渗带向前移动，由于含油油层有着很强的疏水性，因此从注入井到生产井的这段距离就好比一根反相色谱柱。在没有形成大的通道前提下，这些组分在地

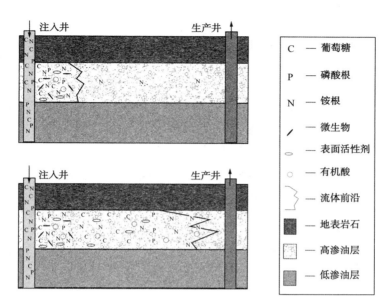

图 6-8 营养液、微生物及其代谢产物在地层中的运移规律

层中的运移基本符合反相色谱的保留机理，即组分的疏水性越强，在地层中移动的就越慢，反之则越快。由于铵根和乙酸的疏水性最弱，因此这两个组分最先留出，葡萄糖和磷酸根次之。在营养液的监测过程中发现，当井口监测到铵根与磷酸根一段时间之后才监测到葡萄糖，这里说明，一方面随着溶剂前沿不断向前移动，葡萄糖优先被消耗和吸附，当到达井口时流体前沿的葡萄糖基本被消耗殆尽，另一方面说明营养液中的葡萄糖浓度偏低。从监测菌浓的变化表明，微生物在近井地带大量繁殖并随营养液一起向前流动，然而微生物自身的体积相对较大，在经过油层空隙时容易产生排阻效应而减缓其移动速度，对于地层孔隙度很小，而微生物体积较大时甚至会使其滞留不前，堵塞地层。而且在营养液向前移动的过程中，营养液组分不断被消耗，其浓度越来越低，当其浓度低于注入浓度的 0.1 倍时就不足以维持细菌的大量增殖，另外由营养液带入的氧气也在近井地带迅速被耗尽，微生物随后进入厌氧发酵过程，而厌氧状态下的菌浓增殖速度要远低于好氧过程，因此总菌浓随之降低，这正是在现场监测发现微生物增加的速度要远滞后于其他组分的原因。

6.4 营养物浓度对代谢产物的作用

由于营养液浓度除了直接决定着微生物的生长繁殖外，还决定了代谢产物的量，实验发现，如果将现场营养液配方稀释 100 倍时菌浓也可以达到 10^8cells/mL 以上，但营养液的稀释对代谢产物会有什么样的影响呢？实验考察了不同营养液浓度对代谢产物的影响。营养液采用巴 19-20 井产出液进行配制，初始菌浓为 1.2×10^5cells/mL，营养液浓度分别为 1%、0.5%、0.25% 和 0.1%，即分别稀释了 0 倍，2 倍、4 倍和 10 倍，培养温度为 40℃，将不同浓度的营养液及菌液分别装入到 250mL 的三角瓶及 20mL 密封的注射器管中发酵培养，培养过程中观察菌浓、发酵液表面张力及产气量的变化。测定结果如图 6-9 和图 6-10 所示。

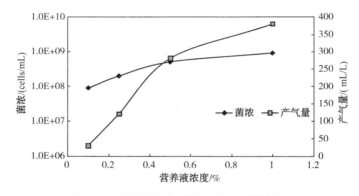

图 6-9 营养液浓度对菌浓及产气量的影响

从图中可以看出，采用单纯的营养液体系可以有效激活产出液中的内源菌，菌浓一般在第三天达到最大值。当营养液浓度从 1% 降低到 0.1% 时，菌浓变化不是很大，但发酵液表面张力值、产气量及对原油的乳化效果却大大降低。在营养液浓度为 0.1% 时对原油的乳化效果由 5 星级降低到 3 星级，产气量由 375mL/L 降低到 30mL/L，表面张力值从 64.5mN/m 降低到 45.2mN/m，该结论充分说明产出液中营养液浓度太低是影响菌浓进一步提高及微驱效果不理想的一个重要原因。为了在维持微生物生长的同时能够发挥微生物对提高采收率的作用，现场注入的营养液浓度应不低于注入浓度的 0.5%，而现场产出液中监测到的营养液浓度应不低于注入浓度的 0.1%。

170

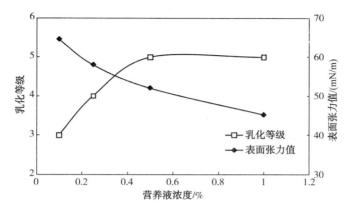

图 6-10 营养液浓度对发酵液表面张力及乳化效果的影响

6.5 菌浓对提高采收率的影响

在室内物模驱油实验基础上研究菌浓对提高采收率的作用。首先对饱和原油的填砂岩心进行水驱，在出口端含水率达到 95% 以上时连续注入菌浓分别为 10^5 cells/mL、10^6 cells/mL、10^7 cells/mL 及 10^8 cells/mL 的菌液，注入速度 0.2mL/min。监测测原油采收率变化情况，见图 6-11。从结果可以看出，注入菌浓越高对提高采收率的作用越显著，但当菌浓低于 10^5 cells/mL 时其对提高采收率的作用还是比较有限。

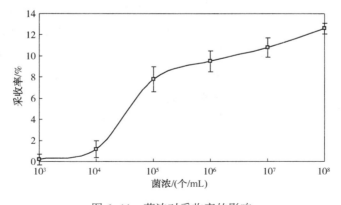

图 6-11 菌浓对采收率的影响

由于产出液中的菌浓受营养液浓度及地层渗透率的影响，在这两个因素中，首先营养液中的葡萄糖在地层中降解很快而几乎难以到达地层深处，其次地层渗透率是客观存在的，渗透率越低，菌体在地层中的运移越困难，尤其对于低渗或超低渗油藏，绝大部分微生物很难顺利运移到地层深处，在产出液中监测到的菌浓自然也就不高。另外根据不同菌浓对采收率的贡献来看，当菌浓低于 10^5 cells/mL 时微生物对提高采收率的作用非常有限，但产出液中监测到的菌浓并不能完全代表地层中的微生物量，因为正是由于渗透率的原因，大部分微生物会滞留在地层中，在产出液中监测到的菌浓只是部分菌浓，实际情况下地层中的菌浓要比产出液中监测到的菌浓高出 1~2 个数量级。

因此，根据上述室内实验及现场监测结果，结合微生物量与地层渗透率及采收率的关系可以确定宝力格油田微生物场形成的标准为菌浓达到 $10^5 \sim 10^6$ cells/mL。为了维持地层中的微生物数量并且能够促使微生物在地层中持续对原油作用(微生物本身及其代谢产物的作用)需要适时向地层补充营养液。通过监测产出液中营养液不同组分的浓度，当氮源、磷源的浓度低于注入浓度的十分之一、有机酸浓度低于 100mg/L 时向地层补充注入氮源、磷源和葡萄糖，补充浓度根据现场监测到的浓度进行适当调节。

6.6　微生物场形成的标准

针对微生物单井吞吐成功率不高、一些井组单轮吞吐效果不明显的状况和微生物驱油过程中微生物见效时间短的问题，纪海玲根据微生物生长特性，首次提出通过建立微生物场来改善微生物驱油效果，即通过形成持续稳定的微生物场来延长微生物在油藏中的有效期，提高投入产出比，从而提高微生物采油技术在现场应用的广泛性。建立广义的驱油微生物场既不同于传统的单井吞吐，也不同于选几口井进行微生物驱油，而是通过向整个目标区块注入外源菌或注入营养液激活内源菌使地层微生物数量达到一定值，并在间隔一段时间后及时向地层补充营养或菌液，使微生物总量维持在一定的范围内，以达到持续对油藏作用的目的。然而地层中的微生物数量达到多少才能明显起到提高采收率的作用，地层中的营养物不同组分的浓度需要多大才能有效维持微生物的生长，即微生物场建立的标准问题，目前国内外还没有系统的研究和报道。

驱油微生物数量直接决定着驱油效果，在室内对驱油微生物进行筛选评价和物模驱油实验时，由于一般都是在好氧情况下进行，而且营养物充足，因此菌浓很容易就能达到 10^7 cells/mL 以上，但在现场进行应用时，由于地层渗透率、微生物的吸附作用及地层厌氧环境使得菌浓一般很难达到 10^7 cells/mL 以上。华北油田从 2010 年开始在宝力格区块对 190 多口井同时进行大规模微生物驱油应用，经过多轮次注入高浓度的菌液和营养液进行的微驱之后，目标油藏产出液中的微生物数量普遍达到 $10^5 \sim 10^6$ cells/mL 之间，稳定的微生物场已初步形成，但仍有一部分油井见效甚微。由于地层环境太复杂，这里存在的原因可能很多，但最大的一个问题是通过什么标准来衡量驱油微生物场是否已经形成，这个问题直接关系到微生物采油的成本和微生物及其代谢产物对原油的作用效果，同时这也是目前困扰整个微生物采油技术现场应用的瓶颈问题。

显然，微生物数量太低往往起不到明显的驱油作用，太高又会大幅增加投入成本。另外对于油藏中的微生物数量到底是用微生物总量来衡量还是要用目标菌或有益菌数量来衡量也是亟待解决的问题。虽然目标菌或有益菌的数量更能反映微生物在油藏中的生长繁殖和驱油效果，但对其进行监测不仅难度较大，而且微生物数量及其对原油的作用效果还受地层环境和微生物种类的影响，因此对于不同的油藏环境，其评价标准也应有所差异。大量的室内实验和现场应用效果监测表明，当地层中的有益微生物数量达到 10^5 cells/mL 以上时才能起到明显的增油作用。该研究结果为微生物驱现场快速监测提供技术支持，并为了解微生物驱油机理提供科学依据。

6.7 连续注入低浓度营养液的微生物循环驱油

通过建立微生物场来改善微生物驱油效果，即通过向整个目标区块注入外源菌及营养液或单纯注入营养液激活内源菌，将整个油藏当作一个大的生物发酵罐，注入的菌液及内源微生物在运移过程中持续发酵，当油藏中的微生物数量达到一定值后，只需要适时向地层补充营养和/或菌液就能维持微生物在油藏中的生长繁殖，从而达到持续对油藏作用的目的。

传统的微生物驱油方式一般都采用周期性注入菌液和高浓度营养液段塞的方式进行驱油，通过监测产出液中的菌浓和营养物浓度变化，然后根据监测结果适时进行菌液和营养液的补充。这种方法的缺点是：一方面，补充注入的菌液或营养液具有一定的滞后性，因为微生物或营养液组分从注入井到生产井一般需要一个半月以上的运移时间；另一方面，注入的营养液在地层中的消耗很快，这种段塞式营养液注入方式难以持续为微生物生长繁殖提供充足的营养，导致微生物驱油效果不佳，最终影响提高采收率，这也是目前微生物驱普遍存在的问题。

目前现场注入的营养物浓度一般都在1.0%以上，然而室内实验发现，在营养物浓度维持在0.1%以上时就可以很好地维持微生物的生长繁殖，因此现场采用连续注入低浓度营养液的方式既可以维持稳定的微生物场，保证微生物在地层中的持续作用，有效提高回收率，又不增加微生物采油成本。实验以宝力格油田巴51-25井为研究对象，采用连续注入低浓度营养液的微生物循环驱油方式来验证该方案的有效性。

巴51-25注水井对应的4口油井，分别为巴51-23、巴51-24、巴51-34和巴51-35，在经过第一轮整体微生物驱后，通过对油井产出液监测发现，在注入菌液(LC：JH＝1：1)及0.91%营养液段塞后连续5个月总菌浓都能维持在$10^5 \sim 10^6$ cells/mL，而且目标菌也能维持在10^4 cells/mL左右，表明微生物场已形成。对有机酸及其他营养液组分的监测发现，在微驱5个月之后其浓度普遍降低到了注入浓度的10%以下，见图6-12，因此有必要对营养液进行补充。

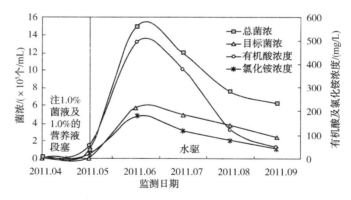

图6-12　在段塞式注入下巴51-25注水井对应4口油井产出液的监测结果

在微生物场形成的条件下以巴51-25对应油井产出液中微生物为研究对象，在营养液总浓度为1%条件下，以菌浓、乳化等级及降黏率为评价指标，通过正交实验对现有营养液配方体系(葡萄糖0.75%、蛋白胨0.05%、酵母膏0.08%、氯化铵0.1%、磷酸二氢钾0.02%)进行优化。优化后的营养液配方体系为葡萄糖0.15%、蛋白胨0.01%、酵母膏0.016%、氯化铵0.02%、磷酸二氢钾0.004%。在该配方体系下，现场通过注水系统从巴51-25注水井向目标油藏连续性补充注入总浓度为0.2%的营养液进行驱油，注入速度为

30m³/d，产出液污水再通过注水管线回注到油藏已实现微生物的循环利用，同时对产出液菌浓及微驱效果进行监测，结果见图 6-13。现场应用表明，通过连续注入 0.2% 的低浓度营养液驱油可以维持菌浓在 10^6 cells/mL 左右，而且原油黏度持续降低，连续驱 9 个月后，原油黏度从 150mPa·s 降低到了 78mPa·s，降低幅度为 48%，另外含水率得到有效控制，原油产量稳步提升，巴 51-25 对应的 4 口油井 9 个月累计增油 3500t，提高采收率为 7.0%。

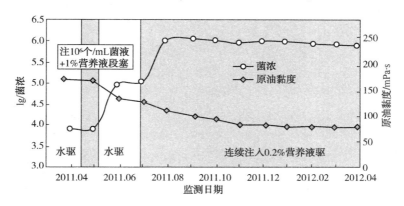

图 6-13　采用连续注入低浓度营养液下巴 51-25 注水井微生物驱效果监测

6.8　其他微生物驱油影响因素

根据室内和现场试验结果，通过系统分析发现，除了以上讨论的影响微生物驱因素外，另外还受油井含水、注采关系、高渗通道的发育情况、微生物与储层及流体的作用情况等因素的影响。

（1）单井含水对微生物驱油的影响

针对高含水井区，微生物驱油见效达到 95% 以上，增油降水效果明显，说明微生物驱油可以在高含水区使用，有较好的应用效果。

（2）微生物与储层及流体的作用情况对微生物驱油的影响

从不同区块各采油井微生物及其代谢产物的检出情况来看，所有井微生物与储层及流体的作用情况良好，驱油见效率达到了 95%，且微生物及其代谢产物检出情况较好的井增油降水效果也较好。分析表明，对于水驱较为均匀的区块，微生物与储层及流体的作用情况和驱油效果存在一定的正相关性。

（3）调剖作用对微生物驱油效果的影响

通过采用聚合物调剖辅助微生物驱，可以使注水井管压上升明显，扩大了水驱波及体积，使得后续注入的驱油微生物在进入喉道驱替残余油的同时，可以有效绕流，驱替出部分剩余油，提高了水驱效率。

（4）采油井情况对微生物驱油措施效果的影响

井网布置、注水方向、水驱程度等直接影响注入微生物能否到达对应采油井。通过统计发现，位于水驱方向侧向井收效较好，受多个注水井作用的中心井效果较差。

第7章

微生物代谢产物在油气田的应用技术

在油田开发过程中，为了提高原油原油采收率，往往需要向油藏中注入大量的油田化学剂。而且，随着油气田勘探开发的不断深入，油田化学剂的作用日益突出，同时也对油田化学剂提出了更高更严的要求。一方面油田化学剂必须满足生产的要求，另一方面还要满足日益严格的储层和环境保护的要求。化学合成的油田化学剂有些尽管其生产性能良好，但在应用过程中往往会对环境造成污染，存在着毒性和生物难以降解等问题。而微生物生产的油田化学剂属生物制品（发酵产品），有些不仅能满足油田生产的需要，而且具有化学合成的油田化学剂难以具备的独特性能，例如生物表面活性剂，生物聚合物等；此外，微生物生产的油田化学剂具有无毒、易生物降解和环境友好等优点。微生物生产的油田化学剂正在受到国内外同行的关注和重视，目前，生物表面活性剂、生物聚合物已工业化生产并在油田规模应用，更多的生物制品正在研制与开发之中。

7.1 生物表面活性剂的生产以及在提高原油采收率方面的应用

生物表面活性剂（Biological Interfacial Agent，BIA）是微生物或植物在一定条件下培养时，在其代谢过程中分泌出的具有一定表面活性的代谢产物，如糖脂、多糖脂、脂肽或中性类脂衍生物等。BIA 的开发和应用兴起于 20 世纪 70 年代后期，到 90 年代，随着微生物采油技术（Microbial Enhanced Oil Recovery，简称 MEOR）的兴起，进一步促进了生物表面活性剂的研发。可代谢 BIA 的微生物种类很多，产出 BIA 的化学官能团多、结构复杂，在降低界面张力、乳化的形成和稳定性以及耐阳离子等方面性能优良，BIA 界面性质对温度、pH 值、盐含量不敏感，在油层中抗岩石吸附、抗离子化作用、抗沉淀作用、抗流体化学损失及其润湿性、加溶性、洗油性都优于化学合成表面活性剂。

BIA 一般呈现非离子型或阴离子型表面活性剂的特性，与油藏环境具有良好的配伍性，而常规化学表面活性剂与油藏环境，特别是油水性质匹配性很差，一些油藏常常需要选择使用特殊的化学表活剂。BIA 抗吸附性好，储层砂体对常规化学表活剂吸附量一般大于 0.75mg/g，而 BIA 小于 0.5mg/g。矿化度、温度、金属离子对 BIA 界面活性值影响很小，常规化学表活剂只有在高矿化度污水条件下才能使油水界面张力降低到 10^{-2}mN/m，在低矿化度清水中，由于无法有效降低油水两相界面张力，因而常常需要加入碱以辅助降低油水两相界面张力，但碱的加入会造成腐蚀与结垢等问题。

从节约能源和保护环境方面来看，通过微生物发酵的方法合成表面活性剂，具有营养底物的选择种类多、来源广，生产工艺简便、成本低廉，无毒、能被微生物完全降解以及对环境无污染等优点，而且在油田提高石油采收率的应用中也无须纯化，在替代化工合成型表面活性剂的某些方面上具有良好前景。

7.1.1 生物表面活性剂提高采收率机理

微生物驱油发展至今，鉴于驱油微生物种类、代谢产物、影响因子等的多样性，其驱油机制仍处于探索阶段。微生物代谢产生多糖、表面活性物质、生物气、酸性物质等，产生的多糖最终形成生物聚合物，能够在油藏多孔介质中起到堵调作用；表面活性物质能够降低原油表面张力，直接用于驱油；生物气在油藏中提高压力，挤压滞留在孔道中的残油；酸性物质能够溶解地层中的碳酸盐组分，能够提高油藏的渗透性。其中表面活性物质在驱油过程起到最为直接且主要的作用。

（1）降低油水界面张力

油藏在经过水驱后，一些滞留在孔隙和喉道内、不易变形且流动性差的残油，难以在水驱动力作用下推动带出，在生物产表面活性物质的作用下，使残油界面软化变形而能够在动力携带作用下运移，孔隙内被堵塞的较大油滴在界面张力降低后被拉成丝状，最终截断成小油滴，在动力作用下流出喉道，实现驱油效率的提高。

随着油藏内微生物生长代谢，表面活性物质浓度增加，使油–水表面张力降低后形成表面张力梯度，当表面张力梯度强于黏滞力作用时，导致自发的界面形变运动而形成 Marangoni 对流，增强原油的流动性。罗莉涛等利用表面活性剂与原油开展微观模拟试验发现，原油体系同表面活性剂体系接触后产生的液–液界面，浓度较高的体系在界面张力梯度作用下将向四周扩散，带动周围流体流动，同时在液–液界面发生质量迁移，形成 Marangoni 对流。通过进一步研究发现，Marangoni 对流能带动相邻体系液体呈漩涡状流动，有利于表面活性剂扩散，使之与原油的接触更加广泛。中科院渗流所研究了微生物表面活性剂鼠李糖脂驱油机理，研究表明，鼠李糖脂与油的界面张力最低值为 2.6mN/m，但尚不够低，不能直接用于驱油。但与十二烷基磺酸钠复配后，最低油水界面张力可以降低到 $1.97×10^{-2}$mN/m，岩心模拟驱油效率可以从水驱的 68.7% 提高到 93.9%。

（2）乳化分散残油

微生物代谢产表面活性剂在油藏孔道内迁移使残油乳化，分散形成微乳液或胶束，在水驱油过程中改善了油水两相的流度比，使存在于油藏内大量孔道盲端残余油随水相流出。PEKDEMIR 等利用从斯克油田分离的菌株开发生物表面活性剂，最终得到鼠李糖脂、单宁酸、皂素、卵磷脂和七叶皂苷。将得到的生物表面活性剂进行原油乳化对比试验，发现相比之下鼠李糖脂的乳化性能最好，用于油田驱油中能够保证原油在达到适合的乳化程度后，更加容易分散并伴随水相流出。乳化能力为考察表面活性剂驱油性能的标准之一，为生物表面活性剂的选择提供参考。

（3）改变油藏润湿性

油藏孔隙、喉道内壁在与原油经过亿万年的接触后逐渐转为亲油表面，当微生物产表面活性物质吸附于孔隙表面时，基于其兼具两性基团的功效，能够实现孔隙内壁润湿性由亲油性反转为亲水性表面，见图7-1，从而出现喉道残油在毛管力作用下发生聚并现象形成油滴，实现地层润湿性反转，从而达到预期的驱油效果。

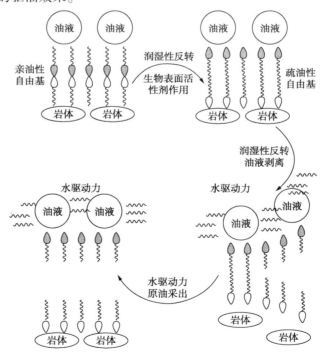

图7-1　生物表面活性剂改变岩石表面润湿性

润湿性的变化将对储层岩石的物理性质产生重要影响，并决定原油在多孔介质中的分布及流向。研究生物表面活性剂改变润湿性的机制有助于优化驱油条件，但目前对润湿性的改变机制没有明确定论，仍处于研究阶段。

7.1.2 生物表面活性剂菌种的筛选及发酵

现已知的能降解石油烃类的微生物有近 30 个属 100 多种，如 Achromobacter、Arthrobacter、Brevibacterium、Corynebaterium、Flavobacterium、Micrococcus、Nocardia、Pseudomonas、Rhodotorula、Sporobalomyces、Vibrio 等。这些能以原油组分为碳源和能源生长的微生物，或多或少地代谢产出 BIA，是微生物采油的首选菌种。

7.1.2.1 生物表面活性剂菌种的筛选

BIA 菌种的筛选来源包括原油污染的土样、水样及油井产出水样等，取回的样品经无菌水稀释涂布或用油水液富集培养一定时间后稀释涂布，在固体平板培养基上分离单菌落。由于筛选的目标菌是能够产生生物表面活性剂的高效菌种，而样品中的菌类数量很多，因此需要对分离的单菌落进行初步筛选，通过考察并筛选在固体培养基上形成表面活性剂润圈的菌株便可初步得到产 BIA 菌株。BIA 菌种在脱纤血红素平板培养基上生长，会形成乳化圈，并使血红素脱色，因而可以使用脱纤血红素鉴别性培养基对 BIA 菌种进行定性捕集筛选；乳化圈越大、脱色后颜色越浅、越透明，表明菌种代谢产出 BIA 能力越强、性能越好。一般的分离方法是，首先在平板上挑出单菌落，划线纯化后，进行液体培养，然后测试其产出 BIA 的性能和指标，确定其是否具有乳化重液蜡（或原油）和降低油水界面张力的能力，最后采用平板涂布菌落计数法、血球计数器观测法或 ATP 仪细胞浓度测定法，对菌株生长规律和发酵液菌体浓度进行测定，采用吊环法测定菌株发酵液静态表面张力，采用旋转悬滴法测定菌株发酵液与原油间的界面张力。当原油降黏率高（降黏率 >50%）、菌液表面张力低（< 30mN/m）、油水界面张力小（< 0.01mN/m）的菌株就是高产 BIA 菌种。

7.1.2.2 生物表面活性剂产量的测定方法

在 250mL 培养瓶中装入 50mL 培养基，灭菌后接种 BIA 菌株，在油藏温度下密闭震荡培养 7~10d，去掉剩余原油，收集水相。①采用 Dische and Shettles 生化反应法（或硫酸-酚法）测定培养液中鼠李糖酸酯等 BIA 含量。离心去掉发酵液中菌细胞，取上清液（3mL），用 0.2mol/L 盐酸把 pH 调到 2.0 后在4℃冰箱内放置一天，然后用$CHCl_3$和CH_3OH(2:1，V/V)混合液萃取富集 BIA；将溶剂蒸发掉，剩余的物质溶解到 $0.1mol/L NaHCO_3$ 溶液中(3mL)，使 用色质联用仪对 BIA 进行定性、定量分析。菌株以 5%糖蜜(总糖含量 51%) 为培养基，BIA 的产量超过 0.1g，对底物糖类的转化率为 0.5%~5%；②乳化 指数的测量，把 3mL 烷烃或煤油加入 BIA 菌种发酵液(离心后的)7mL 上清液 中，振荡 20min 充分混合，静置 2h 让油水两相分层后，测定乳化层厚度。以 (乳化层的高度/总高度)×100% 计算乳化指数。放置 10~20d 后，比较乳化状 态与乳化层厚度变化来判别 BIA 的乳化稳定性；③防蜡率的测定，使用原油 含蜡测定仪，恒重挂蜡杯，装入相同体积的原油后，分别加入 0、1%、2%、 5%的菌种发酵液搅匀，置于 60℃ 恒温箱中作用 30min 后取出；在室温下静置 60min 挂蜡，然后倒置 30min 流出原油，称出挂蜡量，与不加菌液空白比较来 计算防蜡率(表 7-1)。

表 7-1   4 种 MEOR 表活剂菌种发酵液基本指标分析数据

菌种	防蜡率/%	发酵液 pH 值	降低原油黏度/%	表面张力/(mN/m)	界面张力/(mN/m)	乳化指数
F7	83.4	6.05	73	13	0.08	51
M9	80.7	6.20	67	17	0.09	48
H2	76.8	5.76	52	24	0.62	39
X4	73.5	5.70	54	27	1.96	35

一般来讲，一株优良的 BIA 菌种需满足以下条件：(1)BIA 产量高(> 250mg/L)；(2)乳化指数大(>40%)；(3)细胞增殖速度快(< 72h 达到指数 生长期)；(4)繁殖代谢速度快(指数生长期 < 48h)；(5)浓度高(菌体浓度> $10^7cells/mL$)；(6)油乳化厚度大(油相体积>20%)；稳定时间长(>20d)； (7)防蜡率高(>75%)；(8)降低原油黏度幅度>50%；(9)降低油水界面张力 幅度大(< $10^{-2}mN/m$)。

7.1.2.3   BIA 菌种放大发酵试验

产 BIA 菌株的生长温度一般为 30~65℃，与油藏温度相当。微碱性环境 有利于菌株快速生长繁殖，中性或微酸性环境有利于 BIA 的合成与积累。BIA 菌种对石油烃类的降解常常需要加氧酶和分子氧，因而好氧条件下降解原油 能力更强、降解速度更快。低浓度 Ca^{2+}、Mg^{2+}、Fe^{3+}、Mn^{2+} 离子促进细胞生 长、参与酶的组成、构成 BIA 活性亲水基团、激活生物酶的活性，促进 BIA 的代谢与合成。弱碱性磷酸盐[$(NH_4)_2HPO_4$、K_2HPO_4]对培养基 pH 值的缓冲作用，有利于保持菌体细胞及糖脂酶的活性，促进 BIA 的产出和积累。蛋白胨、酵母膏、玉米浆等有机氮源对菌种产出 BIA 有显著的促进作用。菌株以葡萄糖(或糖蜜)、重液石蜡(或原油)、磷肥(或氮肥)及植物油为混合碳源进行培养，其发酵液的表面张力和界面张力，明显比各种单独碳源发酵液低；烃类、脂类等有机成分是构成 BIA 界面活性物质骨架碳链或官能团的必要结构，是构成亲油活性基团的主体；因而非水溶性的烃类、脂类等有机组分，对菌株代谢合成 BIA 具有诱导和促进作用。

　　BIA 最常用的生产方法是在室内采用生物发酵罐发酵，然后再对产物进行分离纯化。室内放大发酵实验可采用 5L 或 20L 全自动发酵罐进行自动发酵，通过对菌种生长曲线及表活剂含量的测定来控制发酵过程，如图 7-2 所示，当菌浓和表活剂含量都达到最大值时就可以停止发酵。菌体数量的增长与代谢产物的积累呈现平行递增趋势，BIA 在细胞指数生长期迅速增加。菌体细胞在 12~24h 达到最高，经历恒定生长期后缓慢下降；BIA 在 24~60h 达到最高。菌液表面张力、界面张力随发酵时间的增长下降较快，发酵 24h 后，表面张力由 70mN/m 下降到 29mN/m 以下、原油界面张力由 32.5mN/m 下降到 6mN/m 以下。菌种放大发酵采用流加法进行补料和调控，通过发酵过程的动态检测分析，对菌体快速消耗利用的底物进行及时适量的补充，既可以保持菌体高效代谢产出 BIA，又可以有效地防止底物总浓度过大、渗透压过高、pH 值下降，从而影响菌体繁殖代谢的环境及抑制 BIA 的产出。在发酵过程中通过仪器自动调节发酵液的 pH 值在 7.0~7.5 之间，在吹入空气及仪器搅拌作用下，产生的表面活性剂会在界面形成大量泡沫，将泡沫通过导管导出并收集就得到浓缩的表面活性剂产品。BIA 的工业化生产可采用 2000L 或 3000L 的发酵罐进行自动发酵。

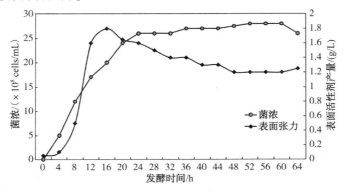

图 7-2　微生物发酵过程中菌浓及表活剂含量监测

7.1.2.4　生物表面活性的分离制备

通过生物发酵得到的表面活性剂产物主要存在于发酵液中，要得到纯的产品还需要经过进一步分离纯化，常用的 BIA 分离富集方法有泡沫富集法、酸沉淀法和色谱制备等。

（1）泡沫富集

泡沫分离技术（Foam Fractionation），又称泡沫吸附分离技术（Adsorptive bubble separation technique），是 20 世纪初兴起，以气泡作为分离介质，利用物质在气液界面上吸附性质的差异进行分离的一种新型分离技术。

泡沫富集生物表面活性剂的原理是基于溶液中溶质表面活性的差异，向含表面活性剂的溶液中鼓入空气，表面活性强的物质优先吸附于分散相与连续相的界面处，并借助于浮力上升至溶液主体上方形成泡沫层，将泡沫层和液相主体分开，从而分离、浓缩溶质或净化液相主体。

在表面活性剂菌种发酵过程中，随着发酵过程的进行，产物表面活性剂的浓度会不断升高，进而会抑制表面活性剂的进一步产生。因此通过向发酵罐液面下通入空气，不但能够提供微生物好氧发酵所需要的氧气，而且空气会使表面活性剂在气液界面发生吸附，通过导管将泡沫导出收集，在经过泡沫处理后就得到了浓度较高的表面活性剂溶液。通过泡沫富集得到的表面活性剂溶液中还含有大量的菌体，而生物表面活性剂为胞外分泌物，吸附于细胞壁上，因此在分离之前还需要经过预处理，通过离心的方式可以将菌体与培养液分开。

（2）酸沉淀

酸沉淀是一种比较常用的表面活性剂初级纯化方法（Prabhu 2003），通过泡沫富集得到的表面活性剂溶液除了含有大量的菌体、未消耗的营养液组分及其他代谢产物外，发酵罐中剩余的发酵液也含有一定量的表面活性剂，在对泡沫富集液及罐体中的发酵液进行离心除去菌体后，加入酸使生物表面活性剂沉淀，同时进一步除去发酵液中残余的菌体及部分其他杂质。具体方法是：向处理后的发酵液中加入酸类物质（一般为 6mol/L 的盐酸），使其最终 pH 值达到 2~3；放置在 4℃ 下，观察是否有白色沉淀产生（生物表面活性剂不同，产生沉淀的时间也有所不同），若有白色沉淀产生则产物是脂肽类表面活性剂（若没有白色沉淀产生则是水溶性表面活性剂），离心收集沉淀便得到脂肽表面活性剂粗品。为了除去沉淀中夹带的酸性物质，可以选择合适的缓冲溶液重悬沉淀物（梁生康等，2005），用稀 NaOH 溶液调节 pH 至中性后，进行冷冻干燥。用甲醇浸提干燥物，旋转蒸发去除溶剂，得脂肽粗提物。

（3）色谱制备

通过微生物发酵得到的脂肽产物在进行酸沉淀处理时，由于有部分组分，包括少量菌体及有机物也会随脂肽组分沉淀下来，因此通过酸沉淀得到的脂肽粗品纯度比较有限，脂肽纯度只有 20% 左右，因此要进一步得到纯的脂肽产品还必须经过色谱纯化。

（4）产表面活性剂菌种地面发酵驱油

产表面活性剂菌种在地面发酵后，将含菌体和表面活性剂的发酵液一同注入油藏中，通过微生物在油藏中的持续发酵作用进行驱油不仅可以充分发挥生物本身对原油的降解和表面活性剂的降黏驱油作用，也减少了表面活性剂分离纯化成本。因此现场可以通过将筛选的产表面活性剂菌种在地面经过逐级放大发酵 12h 后再通过注水管线注入油藏中驱油。工艺流程如图 7-3 所示，通过对油井产出液的跟踪监测来对现场工艺进行动态调控，监测参数包括总菌浓、目标菌数量、营养液组分浓度等，当产出液菌浓低于 10^5 cells/mL 或营养液组分浓度低于注入浓度的十分之一时，及时向油藏补充营养液和/或目标菌。

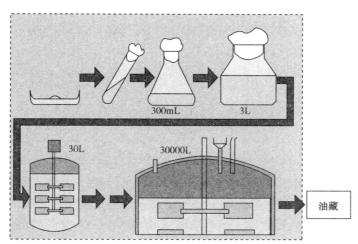

图 7-3　产表面活性剂菌种地面发酵驱油工艺流程

7.1.3　脂肽表面活性剂对原油的降黏乳化效果

脂肽表面活性剂浓度对驱油效率具有较大影响，以脂肽生物表面活性剂为例，实验首先考察了脂肽浓度对原油的降黏效果。由于室内发酵结果表明，菌株 LC 产生脂肽表面活性剂的最大浓度为 0.38g/L，而在现场实际应用过程中，微生物代谢产生的脂肽浓度肯定比该数值要低，因此实验将脂肽表面活性剂浓度分别配成为 2g/L、1g/L、0.2g/L、0.1g/L、0.02g/L、0.01g/L、0.005g/L 及 0.001g/L，然后分别取 30mL 脂肽溶液与 30mL 原油（巴 38 混合油）混合，在 50℃下搅拌（2000r/min）5min，然后在 5000r/min 条件下离心 10min，用布什黏度计测定原油黏度，结果见图 7-4。从图中看出，当脂肽浓度大于 0.1g/L 时对原油的降黏率可以达到 50% 以上，当脂肽浓度低于 0.02g/L 时其对原油的降黏率急剧降低，甚至出现反乳化现象，此时对应的脂肽溶液的表面张力为于 30mN/m。由于当脂肽浓度在 0.02~0.2g/L 时原油黏度变化最大，因此实验进一步考察了在该浓度范围内，脂肽溶液对原油的降黏作用，结果见图 7-5。从图看出，当脂肽浓度小于 0.08g/L 时其对原油降黏效果有限。

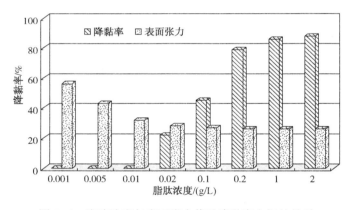

图 7-4　脂肽浓度与表面张力值及降黏率之间的关系

表 7-2 为不同浓度脂肽表活剂对原油的乳化效果，从测定结果来看，单纯的脂肽表活剂对原油的乳化效果并不理想，即使浓度大于 1g/L 时其对原油的乳化等级都很难达到 5 级。当脂肽浓度小于 0.12g/L 时，脂肽表活剂对原油乳化效果很差。但这并不能完全体现脂肽表面活性剂对驱油的效率，因为脂肽表面活性剂对提高采收率的贡献除了其对原油的乳化作用外，还包括增加岩石湿润性，增加洗油效率，降低油水界面张力以及促使微生物菌体和原油接触而发生直接作用等，因此还需通过物模实验进一步考察脂肽浓度对驱油效率的影响。

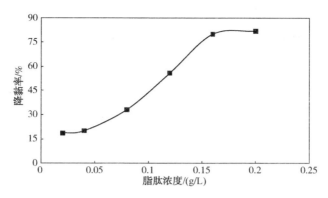

图 7-5　脂肽浓度对原油降黏影响

表 7-2　不同浓度脂肽表活剂对原油的乳化效果

脂肽浓度/(g/L)	2	1	0.2	0.16	0.12	0.08	0.04	0.02	0.01
乳化等级	4	4	3	3	3	2	2	2	1

7.1.4　脂肽表面活性剂室内物模驱油实验

采用常规驱油岩心及装置，实验操作依次为：岩心抽真空，饱和地层水，注入饱和油，老化 7d，水驱达 85% 后开始用脂肽表面活性剂驱，注入浓度分别为 5g/L、1g/L、0.2g/L、0.1g/L 和 0.02g/L，注入体积为 1PV，然后继续进行水驱，直到含水率上升到 100% 时停止试验，每组浓度重复 3 次，最后计算其分别对提高采收率的贡献，见图 7-6。

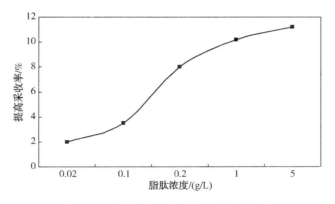

图 7-6　不同脂肽浓度对提高采收率效果

由于表面活性剂对原油的良好乳化和降黏作用，使原油更分散、更易流动，更易于驱替和采出。从总的驱油效果来看，脂肽表面活性剂对提高原油采收率具明显的增油作用，最高可达到 11.2%；脂肽浓度对驱油效率有很大影响，当脂肽浓度低于 0.1g/L 时对提高采收率效果有限。

7.1.5　生物表面活性剂现场驱油实验

由于巴 51 断块原油黏度高，流动性差，特别适合于表面活性剂驱，因此现场实验以该断块中东区 14 口注水井为实验对象，通过从注水井注入 200mg/L 的脂肽溶液进行驱油。同时对产出液进行跟踪监测，监测参数主要包括产出液表面张力值、原油黏度变化及提高采收率情况，最后根据投入产出比对脂肽表面活性剂驱油能力进行评估。现场注入工艺设计见表 7-3。

表 7-3　巴 51 断块中东区表面活性剂驱配注及注入量设计

序号	井号	日注水量/m³	配注水量/m³	设计用量/m³	施工时间/d
1	巴 51-115X	40.39	25	125	
2	巴 51-25	48.70	30	150	
3	巴 51-39	25.60	25	125	
4	巴 51-40	30.07	30	150	
5	巴 51-41	35.23	35	175	
6	巴 51-44	31.45	30	150	
7	巴 51-51	29.83	30	150	
8	巴 51-54	15.60	15	75	5
9	巴 51-58	30.50	30	150	
10	巴 51-65	34.98	35	175	
11	巴 51-72	35.27	35	175	
12	巴 51-74	25.27	25	125	
13	巴 51-78	38.53	40	200	
14	巴 51-81	45.83	40	200	
小计		467.25	425	2125	

（1）脂肽表面活性剂驱前后产出液表面张力变化

为了了解脂肽表面活性剂驱油过程的见效情况及其在地层中的运移情况，实验选择 4 口有代表性的井组对产出液表面张力进行监测，结果见图 7-7。

现场从 2012 年 5 月 26 日开始注表面活性剂，从监测结果来看，监测的 4

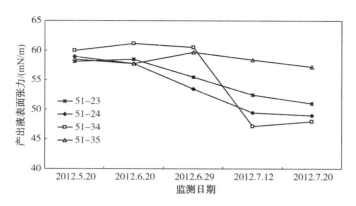

图7-7 巴51脂肽表面活性剂驱前后产出液表面张力变化

口井中有3口油井(巴51-23、巴51-24及巴51-35)产出液的表面张力值明显降低,降低幅度最高达到了23.6%,表明注入的表面活性剂除了部分被地层吸附及稀释外,还是有一部分能够随注入水一起到达生产井,通过定量分析,其产出液中脂肽表面活性剂的浓度在0.8~1.5mg/L,该数值远小于注入浓度300mg/L,其原因一方面是脂肽表面活性剂在随注入液一起流动的过程中会被地层吸附,另一方面脂肽与原油作用后会与原油结合形成缔合物,即脂肽表面活性剂绝大部分会分布在油水界面上,因此产出液中检测到的脂肽浓度较低。

(2)脂肽表面活性剂驱前后原油黏度变化

油井产出液中,原油黏度变化能够直接反映出表面活性剂的驱油效果,现场对巴51中东区所有油井的原油黏度监测结果,见图7-8。

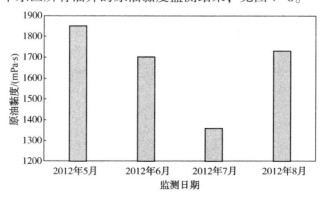

图7-8 巴51脂肽表面活性剂驱前后原油黏度变化

结果发现，在表面活性剂驱前后原油黏度变化比较明显，对应油井原油黏度在表面活性剂注入一段时间后开始降低，在注入表面活性剂 45 天时达到最低 1339mPa·s，黏度降低了 27%。随着进一步水驱，原油黏度又开始升高，其变化趋势与产出液表面张力值基本一致，表明注入的脂肽表面活性剂起到了明显的降黏作用，但作用时间有限。其原因是注入的表面活性剂量有限，因此随着原油的不断采出及注水稀释，注入的表面活性剂会很快被消耗掉，自然原油黏度又恢复升高。

（3）脂肽表面活性剂驱前后原油产量变化

巴 51 断块表面活性剂驱前后原油产量变化见图 7-9。从图中可以看出，在注入表面活性剂 40d 之后，试验油井产能明显增大，多数井含水率下降，产油量增加，忽略递减，扣除关井期间耽误的产量，11 井次明显增效，有效率>78.6%，累增油 1217t，平均单井次增产原油 110.6t，说明注入的脂肽表面活性剂能够起到有效的增油作用。

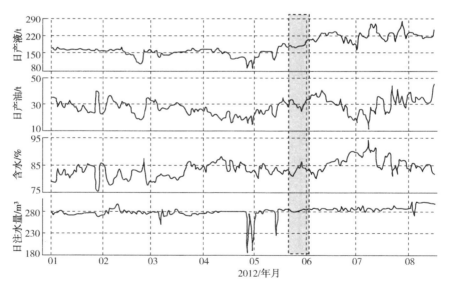

图 7-9　巴 51 脂肽表面活性剂驱前后原油产量变化

7.2　生物聚合物在调剖及钻井液方面的应用

生物聚合物是一种由黄原杆菌类作用于碳水化合物而生成的高分子链多糖聚合物，相对分子质量为 $(1\sim10)\times10^{6}$，是新发展起来的有机处理剂。其特

190

点是有较多的支链，支链上有丰富的羟基(—OH)，因本身就易形成网状结构，又易于拆散，因此既有很好的提黏作用和降失水作用，又有优良的剪切稀释作用。由于它对盐类、钙离子等具有较好的耐抗性，因此可作为淡水、海水、盐水泥浆的高效增黏剂。另外，生物聚合物还具有来源广泛、无毒、可生物降解等功能，因此在油田开发过程中具有广泛应用。

黄原胶(Xanthan gum)，又称黄单孢杆菌胶，简称XC，是一种水溶性天然阴离子多糖，属于高聚物。它是由黄单孢杆菌(Xanthomonas Campestris)以碳水化合物为底物经发酵产生的。其化学结构如图7-10所示，主键由β(1,4)—D葡萄糖构成，主链上每隔一个葡萄糖单元都连接有一个由一个葡萄糖酸和两个甘露糖构成的三糖侧基。黄原胶是一种性能优良的多功能生物高分子聚合物，也是目前现场应用最多的一种生物聚合物，由于侧链上羧基的存在，这一聚合物可溶于水等极性物质，其水溶液呈透明胶状，它在冷水、热水中的分散性稳定，在低浓度下能产生很高的黏度，增稠性良好，浸泡1h(搅拌时间≤1h)应呈溶胶状。该水溶液具有较高的假塑性，良好的稳定性，广泛pH值(pH=1~13)下的稳定性和宽温度范围(18~80℃黏度变化很小，不受温度影响)的稳定，同时也具有良好的分散作用、乳化作用。在碱性及高盐条件下也很稳定。黄原胶与酸碱和盐类的配伍性好、与半乳甘露聚糖的反应性好、抗污染力强、抗生物酸降解，对于各种酸的氧化、还原稳定性好；也具有优良的冻融稳定性和优良的乳化性能与固体悬浮能力。

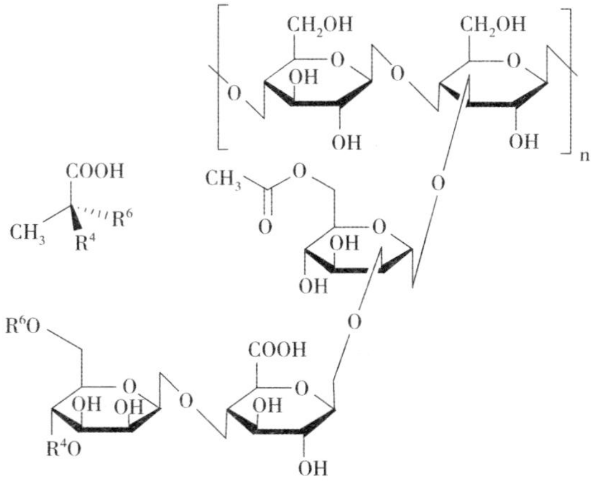

图7-10 黄原胶的化学结构

就化学性质而言，黄原胶与聚丙烯酰胺具有很多相似之处，但在耐盐和

191

抗剪切方面比聚丙烯酰胺更具优势：①耐盐，在高盐度下仍保持溶解性，而不会发生沉淀或絮凝；②耐剪切，溶液在剪切力作用下发生剪切变稀，表现为黏度明显下降，但分子结构不发生改变，当剪切力减小或消失时，黏度可以恢复。正是由于这两大特点使黄原胶可以在难以应用聚丙烯酰胺的特殊条件下使用。也正是因为黄原胶具有良好的增黏性、触变性、悬浮性、耐酸碱、抗盐性、耐高温等多方面的优异性能，使得黄原胶被广泛地用于石油开发、探矿钻井、搪瓷、造纸、油漆涂料、消防、化工、食品等几十个行业，其中又以石油勘探开发中黄原胶的应用尤为突出。近 20 年来，黄原胶已经在相当规模上应用于钻井液、完井液、压裂液和强化采油等方面，黄原胶已成为一种重要的油田化学剂。

7.2.1　黄原胶的发酵生产

　　黄原胶的生产工艺经过半个世纪的发展，现在技术已较为成熟，底物转化率可以达到了 60%~70%。分泌黄原胶的菌株——野油菜黄单孢菌是甘蓝、紫花苜蓿等一大批植物的致病菌株，直杆状，宽 0.4~0.7μm，有单个鞭毛，可移动，革兰氏阴性，好氧。图 7-11 是黄原胶生产工艺简图，黄原胶的生产受到培养基组成、培养条件(温度、pH 值、溶氧量等)、反应器类型、操作方式(连续式或间歇式)等多方面因素的影响。

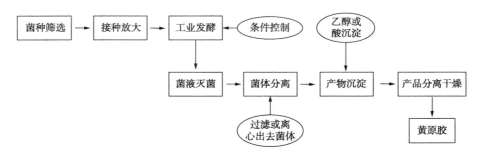

图 7-11　黄原胶生产工艺流程图

　　常用的培养基是 YM 培养基以及 YM-T 培养基，两种培养基得到的产量相似，但应用 YM-T 培养基的生长曲线有明显的二次生长现象。菌株可在25~30℃下生长，最适的发酵温度为 28℃。

　　由于分泌出的黄原胶包裹在细胞的周围，妨碍了营养物质的运输，影响了菌种的生长，因此，接种阶段除应增加细胞的浓度外，还应尽量降低黄原胶的产量，这样就需多步接种(每步接种时间必须控制在 7h 以下，以免黄原胶生成），接种体积一般为反应器中料液体积的 5%～10%，接种的次数应随发酵液体积增大而增多。发酵液中的成分配比也是影响产量的重要因素。碳源（一般为葡萄糖或蔗糖）的最佳浓度为 2%～4%，过大或过小都会降低黄原胶的产量；氮源的形式既可以是有机化合物，也可以为无机化合物。根据经验，较为理想的成分配比为：蔗糖（40g/L），柠檬酸（2.1g/L），NH_4NO_3（1.144g/L），KH_2PO_4（2.866g/L），$MgCl_2$（0.507g/L），Na_2SO_4（89mg/L），H_3BO_3（6mg/L），ZnO（6mg/L），$FeCl_3 \cdot 6H_2O$（20mg/L），$CaCO_3$（20mg/L），浓HCl（0.113ml/L），通过添加氢氧化钠将 pH 值调为 7.0。

发酵温度不仅影响黄原胶的产率，还能改变产品的结构组成。研究发现，较高的温度可提高黄原胶的产量，但降低了产品中丙酮酸的含量，因此，如需提高黄原胶产量，应选择温度在 31～33℃，而要增加丙酮酸含量就应选择温度范围在 27～31℃。pH 对发酵过程中菌体的生长有一定影响，在发酵生产过程中，随着碳源的消耗和酸性产物的生产，发酵液的 pH 会降低，最低可以降低到 5 左右。研究表明，控制反应中的 pH 值对菌体生长是有利的，一般在中性条件下黄原胶的产量最高，但 pH 值对黄原胶生产的影响并不显著。

反应器的类型及通氧速率、搅拌速率等都有相应的经验数据，须根据具体条件而定。可参考如下数据：搅拌速率在 200～300r/min，空气流速为 1L/min。

除上述传统发酵的生产方法外，还有研究者已发现了合成、装配黄原胶所需的数种酶，并克隆出相关基因（12 个基因的联合作用），选择出适当的载体。虽然目前此法的成本较高，但相信经过工艺的改进，可为进一步降低成本及控制产品的结构提供可能。

7.2.2 黄原胶的提取

对于发酵生产的黄原胶产品，要将其从发酵液中分离出来还需要较为复杂的工艺流程。一般情况下，最终的发酵液中含有黄原胶 10～30g/L，细胞 1～10g/L，残余营养物质 3～10g/L，以及其他代谢产物。由于发酵液中黄原胶的浓度很大，从而增加了提取操作的难度，一般在提取前宜先做稀释处理。提取的主要步骤：细胞分离，黄原胶的沉淀、脱水、干燥、研磨。

发酵生产的黄原胶在提取之前需要对发酵液进行灭菌，目前常采用的灭菌方法有酶法、化学试剂法及巴氏灭菌法。这三种方法之中，酶法成本较高；化学试剂容易改变 pH 值，而降低产品中的丙酮酸含量；因此一般采取巴氏灭菌法。巴氏灭菌法由于温度较高还可提高黄原胶的溶解度，并在一定程度上降低了溶液的黏度，有利于随后的离心或过滤。但要注意温度不能过高，否则还原胶会发生降解，一般维持在 80~130℃，加热 10~20min，pH 值控制在 6~9 比较合适。灭菌后的发酵液首先要过滤除去菌体，过滤前需要加水、酒精或含低浓度盐的酒精对其进行稀释。沉淀黄原胶的方法有加盐、加入可溶于水的有机溶剂（如乙醇、异丙基乙醇等），或将这两种方法综合运用。

　　加入有机溶剂不仅可降低溶液黏度和增加黄原胶的溶解度，还可洗脱杂质（如盐、细胞、有色组分等），但单独加有机试剂所需量太大，成本过高，同时大量有机溶剂还会带来环境污染。如要全部沉淀每体积发酵液中的黄原胶，需三倍体积的丙酮或异丙基乙醇，六倍体积的乙醇。加入盐离子可降低黄原胶的极性从而降低其水溶性，且加入盐的离子强度越高效果越明显，如 Ca^{2+}、Al^{3+} 等，加入 Na^+ 则不会引起沉淀。因而，加入含低盐浓度的有机试剂是目前较为通用的方法，如加入 1g/L 的 NaCl 可使乙醇的使用量减半；加入二价离子虽可使有机试剂的使用量更小，但会导致产物——黄原胶盐的溶解度降低，因此一般不采用。

7.2.3　应用性能评价

　　黄原胶以其增稠、悬浮、乳化效果优良且安全环保已被广泛应用于食品、石油、化工等多个领域。其理化性质见表 7-4。国内约有 45% 的黄原胶用作食品添加剂，40% 用于石油驱油剂，15% 用于化妆品、纺织、陶瓷、环保等行业。当黄原胶用于石油驱油剂时，人们最关心的是黄原胶的增黏性、流变特性、抗机械剪切性能、过滤性能及稳定性几个方面。

表 7-4　黄原胶主要理化性质

理化性质	特性
水溶性	极易溶于热水和冷水
增稠性	0.9% 黄原胶黏度为 8600Pa·s
流变性	假塑性
热稳定性	10~80℃ 黏度几乎不变
耐碱性	pH1~13 黏度几乎不变
酸解稳定性	抗蛋白酶、果胶酶、淀粉酶、纤维素酶等酶类
兼容性	能与酸、碱、盐、表面活性剂和生物胶等互配

（1）增黏性能

通常状态下，天然的黄原胶分子的带电荷侧链反向缠绕主链，在有序状态时，靠氢键的维系呈现一般或双螺的螺旋结构，这些螺旋结构靠微弱的共价键结合，还可排列成整齐的螺旋共聚体，与另一种高分子聚合物聚丙烯酰胺相比，分子有强的刚性，在水溶液中，分子十分舒展，因此增黏性良好。但高温易引起黄原胶的水解、热氧降解及螺旋结构的改变等不利影响，从而导致黏度下降。研究结果表明，黄原胶溶液的黏度随浓度的增加而明显增加，当浓度为 300mg/L、800mg/L 和 1200mg/L 时，黄原胶溶液的黏度分别为 2.5mPa·s、7.0mPa·s 和 12.1mPa·s。

黄原胶属高分子生物聚合物，其水溶液驱油时有两个主要功能：一是调整吸水剖面，二是提高驱替相的黏度，降低油与驱替相的流度比，从而扩大波及体积，提高原油采收率。因此增黏性能就成为聚合物驱中最重要的产品性能指标之一，良好的增黏性可以使用少量的聚合物达到所需的流度比，可降低成本达到较好的经济效益。

（2）流变性能

黄原胶溶液属于假塑性流体，它的流变性能表现为：随剪切速率的变化呈非牛顿型流体的流动特征。在剪切速率较低的情况下（第一牛顿区），分子的运动以布朗运动为主。布朗运动的结果，使较小剪切速率引起的分子取向很快消失，所以黏度保持不变；在较高的剪切速率下（非牛顿区），分子很快取向，布朗运动的影响可以忽略不计，故溶液的黏度随剪切速率的升高而降低；在更高的剪切速率下（第二牛顿区内），分子取向度达到极限值而不再提高，因此黏度又保持不变（图7-12）。实验结果表明：黄原胶溶液的剪切变稀性能较强，但这种剪切变稀现象是可逆的，高的抗机械降解能力使黄原胶分子不像聚丙烯酰胺那样容易产生分子断裂，只要移去剪切力，黏度迅速恢复。当黄原胶溶液剪切速率为 $250s^{-1}$ 后，立即测其流变性，两条流变曲线重合，说明它具有良好的剪切恢复性。

（3）抗机械剪切性能

当聚合物溶液发生形变和流动时，它所承受的剪切应力或拉伸应力（或两者组合）增加到足以使聚合物分子断裂时，聚合物将出现机械降解。聚合物溶液在通过炮眼和进入地层时所承受的应力作用最大，为了模拟这种剪切作用，将 ZBI 黄原胶溶液通过加压进行毛管剪切，剪切后用布氏黏度计在 6r/min 测黏度。在剪切速率为 $10^5/s^{-1}$ 时生物聚合物 ZBI 黏度保留率为98%（放置1h），

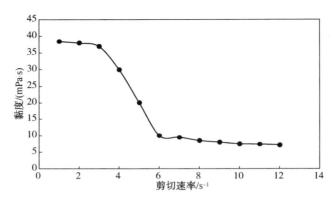

图 7-12　黄原胶溶液的流变曲线

说明生物聚合物经剪切后放置一段时间，黏度能基本恢复。在注入流程设计中，对于聚丙烯酰胺应尽量避免或降低机械剪切。而对于黄原胶，为破坏其细菌细胞残骸及微凝胶，则需较高的机械剪切。因此在黄原胶注入流程设计中，应考虑加两道 1mm 孔板进行剪切，提高注入能力。

（4）过滤性能

与聚丙烯酰胺相比，生物聚合物的过滤性能较差。生物聚合物的过滤性能差，导致溶液的注入能力差，主要是由于有不完全溶解聚合物的微小聚集体、固有的细菌细胞残骸和发酵过程中残余的蛋白质物质所致。其直径为 0.3~0.5mm，长度为 0.7~2.0mm。除去这些物质的方法有筒式和硅藻土过滤法、黏土絮凝法以及化学和酶沉降法。

（5）溶液的长期稳定性

长期稳定性通常是指聚合物溶液在地下油藏岩石孔隙中，能够保持其黏度而不发生降解的性质，它也是黄原胶产品的重要指标之一。聚合物溶液进入地层后，由注入井到生产井往往需要几个月，甚至几年的时间，在这期间会受到许多因素的影响导致黏度下降，而聚合物溶液能否维持较高的黏度是影响驱油效果的重要因素之一，因此，研究聚合物溶液在地层条件下的稳定性是很有必要的。

造成聚合物溶液黏度下降的原因主要是高分子的降解，包括机械降解、化学降解和生物降解。机械降解主要发生在注入设备和近井地带的高速流区，造成分子链的断裂；而化学降解和生物降解则多发生在地层深部。生物聚合物在经过注入设备和近井地带时的剪切不足，造成其机械降解，主要表现为细菌降解和热氧降解。所以筛选合适的黏度稳定剂是非常重要的。图 7-13 为黄原胶在不同条件下的黏度的变化。生物聚合物 ZBI 在高温下的长期热稳定性较差。在基本不含氧的条件下，90d 的黏度保留率为 62.4%；在暴氧条件下，90d 的黏度保留率为 10.4%；添加稳定剂后，90d 的黏度保留率为62.8%。所以，在现场实施时，要加入适量的黏度稳定剂。

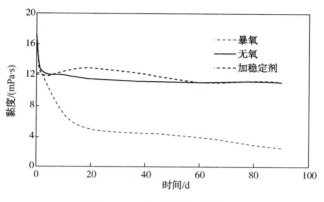

图 7-13　黄原胶的热稳定性

（6）驱油效率试验

驱油效率试验能够综合反映聚合物对驱油效果的作用，是驱油过程的综合反映，通过物模驱油试验，可以比较直观地对比分析聚合物驱油过程的开发特征及效益，为编制开发方案提供依据。试验用石英砂填充管式模型，单管模型长 30cm，截面积 4.9cm²。试验温度为 80℃，用沱二站脱水脱气原油配制模拟油，80℃下黏度为 25.27mPa·s。用不同矿化度的盐水，在同等经济条件下注入黄原胶和 35305 聚合物。试验步骤：①模型抽空饱和水，用称重法测出孔隙体积；②模拟油驱水，求出原油饱和度；③地层水进行水驱，至含水 95%时注入 0.3PV 一定浓度的黄原胶和 3530S 聚合物，然后水驱至含水98%以上时结束试验，见表 7-5。

表 7-5　驱油实验模型参数及实验结果

总矿化度/（mg/L）	渗透率/μm⁻²	化学剂	水驱采收率/%	最终采收率/%	提高采收率/%
5727	1.52	ZB1S	70.3	82.9	12.6
5727	1.38	3530S	63.3	81.0	17.7
19481	1.37	ZB1S	68.2	81.5	13.3
19481	1.44	3530S	69.4	82.4	13.0
59802	1.40	ZB1S	65.0	77.9	12.9
59802	4.48	3530S	65.2	75.7	10.5

结果表明，在价格相同的条件下，水的矿化度小于20000mg/L时，聚丙烯酰胺比黄原胶效果要好；当水的矿化度大于20000mg/L时，黄原胶比聚丙烯酰胺效果要好。所以，黄原胶更适合用于矿化度高的油藏。

7.2.4 矿场实验

玉门石油沟油田M层是裂缝、低渗透、高含盐油藏，选用增黏、耐盐、抗剪切性能均较聚丙烯酰胺好的生物聚合物（黄原胶）为驱油剂。数值模拟结果表明，采用浓度递减的多个段塞注入，驱油效率较高；多管岩心驱替试验表明，0.125%黄原胶+0.15%甲醛从高渗比岩心中驱油的效率最高。在单井注入的矿场先导试验中，每注入1t黄原胶增产原油248t。在四井注入的矿场扩大试验中，根据1994年10月底前的统计数字，驱油效果良好。

7.2.4.1 生物聚合物驱油先导性试验

先导试验区位于石油沟油田M油藏构造中部Ⅲ区，见图7-14。

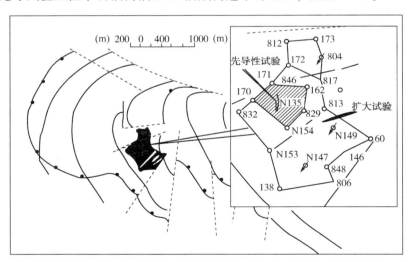

图7-14 石油沟油田黄原胶驱油试验区井位图

试验于1993年7月31日至10月3日在N135井组实施。注入时间65d，共注入XC溶液1432.4m³，耗用1.78tXC干粉、2.2t工业甲醛。注入的生物聚合物溶液平均浓度0.124%，平均黏度24.5mPa·s。注入井为N135井，中心受益油井6口，分别为N154、162、170、171、829、846，外围受益油井5口：N153、172、813、817、832。根据对监测资料的综合分析，N135井注

198

XC 溶液后见到了以下效果：

①注入井吸水剖面显著改善，低渗透层吸水量增加。根据注生物聚合物前后的同位素测井资料，注 XC 溶液前主要的吸水剖面是 M 下（504～519.0m），M 上（461.4～474.8m）、M 中（481.6～497.6m）不吸水。注 XC 溶液后，M 上、M 中的吸水比由 0 分别增至 3.7%和 31.8%，M 下的吸水比则由 100%降至 64.5%。

②起到了很好的封堵高渗层的作用。注入液在油层中沿高渗透层段推进的速度减慢，水流方向发生了变化。根据注入井压降曲线，计算出注入液的流动系数由注生物聚合物前的 $293.6 \times 10^{-3} \mu m^2 \cdot m/mPa \cdot s$ 降至注入后的 $198.7 \times 10^{-3} \mu m^2 \cdot m/mPa \cdot s$，下降了 32.3%。注入生物聚合物前，从 N135 井注入的示踪剂在 2～5d 内即在周边采油井 N154 井、170 井、171 井、829 井、813 井、162 井中显示，注入水沿东西方向推进的速度快，如向 813 井、170 井推进的速度分别为 63.3m/d 和 32.5m/d。注入 358m³ 生物聚合物溶液后，注入的示踪剂 20d 后才在周边采油井 172 井、846 井中有所显示，在其余井中 34 天后仍无显示。

③周围油井全部见效，增产效果显著。注 XC 溶液 10～50d 后，6 口中心受益井全部见效，其中 170、171 井增产 50%～100%，162 井、829 井、846 井增产 20%～50%，只有 N154 井的增产幅度低于 20%。至扩大试验前，11 口受益井的日产油量由试验前的 6.82t 升至 9.60～11.00t，含水率由 84.2%下降至 72.3%～78.6%，增产幅度达 40.8%～61.3%，累计增产原油 443t。先导性试验采油曲线见图 7-15、图 7-16，各油井的生产情况见表 7-6。

表 7-6　注 XC 溶液前后油井生产情况对比

井号	日产油/t		含水/%	
	注前	注后	注前	注后
172	1.12	1.78	80.2	68.4
N154	1.25	1.63	75.4	70.6
171	0.61	0.96	90.1	68.6
162	0.92	1.17	84.2	79.5
107	0.42	0.80	5.0	70.5

④ 油井产液量与产水量减少，产出水的矿化度提高。由 N135 井注入的 XC 溶液波及体积大，使受效油井产水量下降。至 1994 年 10 月底，井组日产液量由注生物聚合物前的 43.0t 降至 39.4t，日产水量由 36.77t 降至 30.85t。注生物聚合物后，产出水矿化度明显上升，上升极为明显的有 172 井、N154 井、171 井、162 井、170 井等井，平均上升 5000~10000mg/L。这说明注聚合物有利于开采低渗透层中的原油，提高储量动用程度。

⑤ 注入生物聚合物控制了油层出砂，油井检泵周期延长。注入生物聚合物前，油井常因出砂而不能正常生产，检泵周期较短，N135 井组一般在 2 个月左右，最长的只有 90d，最短的 40d。注入聚合物后，从油井示功图上未发现出砂，产出液中黏土沉淀物大为减少，平均检泵周期由注前的 69d 延长到 124d。这表明注入的生物聚合物能稳定油层黏土，控制油井出砂。在 XC 驱油先导性试验中共增产原油 443t，平均每注入 1t XC 干粉增产原油 248t。

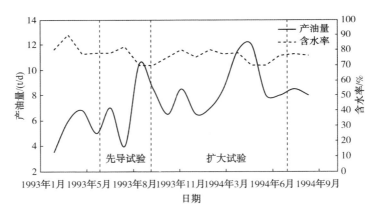

图 7-15 N135 井先导试验及扩大试验采油曲线

7.2.4.2 生物聚合物驱油扩大试验

生物聚合物驱油扩大试验区也位于石油沟油田三区中部（见图 7-14），N135 井、N147 井、N149 井和 804 井为生物聚合物溶液注入井，周边采油观察井 18 口，注入井区含油面积 0.34km²，地质储量 65×10⁴t，油层中部深度约 465m。注入井区主要开采层位为上第三系白杨河群间泉子组的 M 层。注入井区于 1956 年以不规则点状井网投入开采，1965 年转入注水开发，先后经历了井网调整、封堵治理、增产挖潜等阶段。至 1994 年 4 月底，井区平均日产液 77t、日产油 15.3t，综合含水 80.1%，平均日注水量 60m³，累计注采比 1.7，

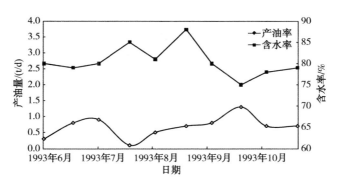

图 7-16 N171 井先导试验及扩大试验采油曲线

采出程度 31.92%。扩大试验采用的驱油剂配方与先导性试验相同,即 0.125%XC+0.15%甲醛。将粉末状 XC 缓慢加入高压喷射装置的漏斗中,使聚合物与水均匀混合,同时加入杀菌剂甲醛。搅拌 1~2h。聚合物溶解完全后,溶液在自身液柱压力的作用下进入储液罐,由高压三缸柱塞泵注入油层。注入过程始于 1994 年 5 月 20 日。首先注入 192m³0.10%甲醛溶液,对储罐、管线、井壁、井底进行杀菌处理。1994 年 5 月 24 日至 10 月 5 日注入 7220m³ XC 溶液,平均日注入量 54m³,溶液浓度 0.10%~0.15%,平均浓度 0.122%,溶液平均黏度 24mPa·s。聚合物溶液的注入速度是在不超过地层破裂压力的前提下,由注入井注入,注入速度和泵排量确定。各井注入速度为:N135 井 20m³/d,N147 井 15m³/d,N149 井 10m³/d,804 井 15m³/d。在整个试验过程中,4 口注入井的井口压力基本不变,未遇到注入困难,见表 7-7。

表 7-7　矿场扩大试验中生物聚合物溶液注入动态

时间	N147 井			N149 井			804 井			N135 井		
(月日)	Q_w	P_w	K	Q_w	P_w	K	Q_w	P_w	K	Q_w	P_w	K
5.25	13.4	8.0	1.67	6.8	7.3	0.93	12.6	4.4	2.86	7.0	5.0	1.40
7.20	15.4	8.0	1.92	11.5	7.2	1.59	14.7	4.0	3.67	13.9	4.9	2.83
8.20	15.6	8.4	1.86	10.7	7.1	1.50	15.9	4.5	3.53	20.6	5.0	4.12
9.30	15.1	8.0	1.88	10.1	7.1	1.42	15.2	4.1	3.70	20.2	5.0	4.04

注:Q_w—日注量,m³/d;P_w—井口压力,MPa;K—视吸液指数,m³/(MPa·d)。

通过聚合物驱油扩大试验获得了如下效果:

① 周围采油井多数见效,产量递减现象得到抑制;

② 油井产液量、含水量减少,产出水矿化度提高;

③ 油层出砂得到控制，检泵周期延长。

截至 1994 年 10 月，已增产原油 747t，每注入 1t XC 干粉增产原油 83t，预计全试验区最终将增产原油 1000t。

7.3 有机酸及生物气对提高采收率的作用

无论是外源微生物采油还是激活内源微生物采油，当采油微生物注入油藏中以后，微生物在地层中进行繁殖运移的过程中都会利用营养液和/或原油而产生大量气体，而气体使油层部分增压，并降低原油黏度，提高原油流动能力；同时气泡的贾敏效应还会增加水流阻力，提高注入水波及体积，最终达到提高采收率的作用。通过室内研究及现场监测发现，微生物代谢的气体主要有二氧化碳、烷烃、氢气、氮气等，其中烷烃以甲烷为主。当微生物注入油藏后具体产生的是哪种气体以及产气量的大小，与注入的菌种及在地层中的发酵过程有关。一般在微生物注入的近井地带，代谢过程为好氧及兼性厌氧阶段，此时产生的气体主要以二氧化碳气体为主；研究发现，该阶段产生的二氧化碳可以达到 95%以上。随着微生物进一步向地层深处运移，由于氧气的浓度极低，此时主要表现为厌氧发酵过程，在产甲烷菌作用下，代谢产生的气体主要以甲烷为主，同时还有硝酸盐还原菌产生的氮气、氨气，以及次级代谢产物氢气和二氧化碳等。

有机酸也是微生物代谢的一种重要产物，主要是一些低分子脂肪酸，比如甲酸、乙酸、丙酸和异丁酸等。当有机酸浓度达到一定量时可以起到溶解碳酸盐岩层中的孔隙喉道，增大有效渗透率。从理论上来说，微生物代谢产物有机酸和生物气对提高采收率都有着非常重要的作用，而且国内外都有利用注入二氧化碳或甲烷气体驱油的先例，但有机酸对提高采收率的作用目前还缺乏室内及现场应用研究。

7.3.1 微生物产气量

在微生物采油过程中，生物气对提高采收率有着非常重要的作用，但产气量决定了生物气对原油作用效果的高低，只有当产气量达到一定量时这种作用才比较明显。研究发现，微生物无论在好氧阶段还是厌氧发酵阶段，都会产生一定量的气体，只是不同菌种以及在不同阶段产气量有显著差异。笔者对宝力格油田现场应用的 6 株外源菌（LC、JH、H、HB3、IV 及 Z-2）及现场产出液中的混合菌进行产气量分析发现，在现场应用营养液配方体系下将菌浓为5%的上述6种目标菌及产出液混合菌转接到营养液中，然后取20mL微生物菌液于50mL注射器中密封，并在40℃恒温摇床上培养2周，当微生物在发酵过程中有气体产生时，气体便会推动注射器活塞移动，根据注射器上的刻度变化就可以测量出产气量的变化，图7-17为不同菌种的最大产气量。

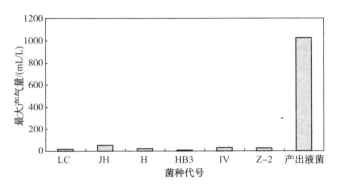

图7-17　不同菌种的最大产气量

通过实验发现，注入的6种目标菌的产气量都较小，平均每升发酵液产气量不超过50mL，而产出液中的混合菌产气量却达到了1025mL/L。从产气量变化看，这7个注射器中气体量在48h内基本达到最大，之后气体变化量很小。对不同菌种产生的气体进行定性分析发现，在前一周时间内，产生的气体主要是二氧化碳气体，之后会有少量的甲烷产生。这是由于注入的这6种功能菌分别为假单胞菌属，黄单胞菌属和地衣芽孢杆菌属，其功能是通过降解原油或产表面活性剂驱油，产气并不是其主要功能，而产出液混合菌除了含有注入的目标菌外，还有大量的油藏内源菌，主要包括发酵菌、烃氧化菌、腐生菌及产甲烷菌，这些种类的微生物在发酵过程中会产生大量的气体。

为了进一步观察微生物产气量随培养时间的变化，实验将5%的产出液混合菌及1%的营养液注入的物模岩心管中，将岩心管的两端密封后放入38℃恒温培养箱中进行培养，然后记录岩心管两端压力随培养时间的变化，图7-18为压力随培养时间的变化曲线。从图中可以看出，在培养8h后，压力开始明显升高，当培养时间达到48h后，压力达到0.8MPa以上，之后随着培养时间的延长，压力虽然也有增加，但变化不大，表明微生物产气量基本达到最大值。

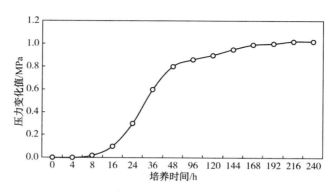

图 7-18　压力随培养时间的变化

7.3.2　CO₂提高采收率

不同气体对提高采收率的作用也有差别，但微生物在油藏中发酵产生的气体除了主要的二氧化碳和甲烷，还有其他多种类型的气体，因此要模拟地下不同气体对提高采收率的作用比较困难，笔者以二氧化碳气体为研究对象，通过物模实验研究了其对提高采收率的作用。

注入二氧化碳用于提高石油采收率已有 30 多年的历史。二氧化碳驱油作为一项日趋成熟的采油技术已受到世界各国的广泛关注，据不完全统计，目前全世界正在实施的二氧化碳驱油项目有近 80 个。该技术不仅适用于常规油藏，尤其对低渗、特低渗透油藏，可以明显提高原油采收率。2006 年世界二氧化碳提高采油率产量占总提高产量的 14.4%。

7.3.2.1　CO₂提高采收率的原理

CO₂驱的主要采油机理包括降低原油黏度、使原油体积膨胀、减小界面张力、对原油中轻烃的汽化和抽提等。CO₂吞吐开采机理主要是原油体积膨胀、黏度降低以及烃抽提和相对渗透率效应。

（1）降低原油黏度

当 CO₂溶解于原油时，原油黏度显著下降，它取决于压力、温度和非碳酸原油的黏度大小。一般来说，原始原油黏度越高，在碳酸作用下，降黏越显著。但在原油 CO₂饱和以后再进一步增加压力时，由于压缩作用，原油黏度反而会增加。

（2）改善流度比

大量的 CO₂溶于原油和水，将使原油和水碳酸化。原油碳酸化后，其黏度随之降低，而水在碳酸化后其黏度会增加，从而降低油水流度比。

（3）使原油体积膨胀

视压力、温度和原油组分的不同，一定体积的 CO_2 溶解于原油，可使原油体积增加 10%~100%。膨胀系数取决于溶解的 CO_2 摩尔组分和原油的相对分子量。CO_2 溶于原油使其体积膨胀，增加了液体内的动能，从而提高了驱油效率。

（4）萃取和汽化原油中的氢烃

当压力超过一定值时，CO_2 混合物能使原油中不同组分的轻烃萃取和汽化。S. B. Mikael 和 F. S. Palmer 对路易斯安那州采用 CO_2 混相驱的 SU 油藏 64 号井的产出油进行了分析。该井注 CO_2 混相混合物（CO_2 84%，甲烷 11%，丁烷 5%）之前，原油相对密度为 0.8398，1982 年注入 CO_2 混合物后，初期产出油平均相对密度为 0.7587，1983 年产出油相对密度逐渐上升到 0.8155。这说明原油中的轻烃首先被汽化，然后才是重烃，最后达到稳定。

（5）溶解气驱作用

大量 CO_2 溶解于原油中，具有溶解气驱作用。降压采油机理与溶解气驱相似，随着压力下降，CO_2 从液体中逸出，液体内产生气体驱动力，从而提高了驱油效果。另外，一些 CO_2 驱替原油后，占据了一定的孔隙空间，成为束缚气，可以使原油增产。

7.3.2.2　CO_2 提高采收率实验

装填 50cm×2.5cm 填砂岩心，然后依次经抽真空、饱和地层水、测定孔隙度和渗透率，之后注入巴 19 混合油进行饱和，并在 50℃恒温箱中老化 7d。首先采用水驱，流速为 0.2mL/min，当水驱注入 0.36PV 时岩芯出口端见水，此时采收率为 53.9%，当注水体积为 1.21PV 时含水率达到 95%以上，此时开始注入二氧化碳气体，待注入 0.3PV 二氧化碳后再改用水驱，由于岩心渗透率较低，在注水期间注入压力增加很快，当压差大于 7.0MPa 时再改注二氧化碳驱，反复交替进行，当岩心出口端含水率到 100%时停止水驱，见图 7-19，最终采收率为 89.5%，二氧化碳驱净增采收率为 25.6%。

实验结果表明，二氧化碳对提高采收率具有重要作用，二氧化碳在地层内溶于水后，可使水的黏度增加 20%~30%。二氧化碳溶于油后，使原油体积膨胀，黏度降低 30%~80%。油水界面张力降低，有利于增加采油速度，提高洗油效率和收集残余油。但该实验结果是建立在室内物理模拟的基础上的，然而现场微生物驱中二氧化碳对提高采收率的作用要受到微生物产气量的限

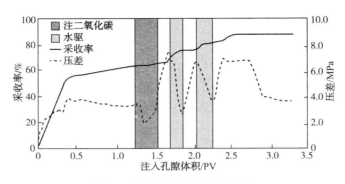

图 7-19　CO₂提高采收率效果

制，因此现场实际提高采收率数据一般要低于该数值，现场二氧化碳驱油一般可提高原油采收率 7%～15%，延长油井生产寿命 15～20 年。

7.3.3　有机酸对提高采收率的贡献

微生物驱油过程中产生的有机酸普遍被认为对提高原油采收率有重要贡献。然而这种观点只是一种理论上的推测，目前还缺少室内及现场应用方面的量化研究。虽然有机酸具有溶解碳酸盐的作用，并相应产生二氧化碳气体，但在现场实际应用过程中，地层中能够产生多少有机酸，有机酸浓度需要达到多少才能具有明显的增油作用，只有对这两个问题进行深入量化研究才能真正了解有机酸对微生物提高采收率的贡献。笔者以宝力格现场微驱营养液注入配方为研究对象，通过室内实验及微生物驱油现场的监测对上述两个问题进行了量化研究。结果发现，微生物代谢有机酸主要乙酸为主（85%以上），其产量与葡萄糖浓度有关，葡萄糖浓度越高，有机酸产量也越高。考虑到实际应用过程中的成本问题，现场注入的葡萄糖浓度一般不超过 1%。在宝力格现场注入的葡萄糖浓度为 0.6% 的前提下，实验发现，室内有机酸最高浓度为1278mg/L，而现场监测的最高浓度为 496mg/L，这是由于在现场应用过程中葡萄糖在运移过程中存在稀释及吸附作用，同时在地层深处的厌氧发酵作用也是其浓度要远低于室内发酵结果的原因。为了进一步证实不同浓度的有机酸对提高采收率的作用，本实验配置一系列浓度的乙酸溶液，通过实验分析其对岩心的溶蚀作用，渗透率变化情况及对提高原油采收率的作用，结果见图 7-20。

从图中的结果看出，只有当乙酸浓度大于 5000mg/L 时才对岩心有一定的溶蚀作用，而要起到一定提高采收率作用，乙酸浓度需大于 15000mg/L。当

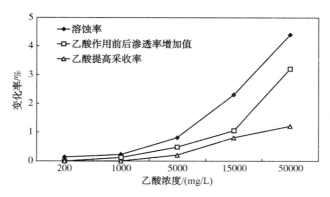

图 7-20　不同浓度乙酸对岩心及提高采收率的作用

乙酸浓度小于 1000mg/L 时，乙酸作用前后岩心渗透率的变化很小，同时对提高采收率的贡献几乎为零。产生该结果的原因有两个：一是由于乙酸属于有机弱酸，而且浓度较低，因此其对增加岩心渗透率的作用不明显；二是天然岩心表面具有一层油膜，这相当于起到了缓蚀剂的作用。另外实验发现该浓度下产生的二氧化碳的量也微乎其微(产气量小于 10^{-3} mL/g)。由于现场微驱过程中产生的有机酸浓度要远低于 1000mg/L，因此微生物驱油过程中产生的有机酸对提高原油采收率的贡献非常有限。

参考文献

［1］ Abdel‒mawgoud A Mohammad, Aboulwafa M Mabrouk, Hassouna Nadia Abdel‒Haleem. 2008. Optimization of surfactin production by bacillus subtilis isolate BS5［J］. Applied Biochemistry and Biotechnology, 150(3): 305‒325.

［2］ Aburuwaida A S, Banat I M, Haditirto, et al. 1991. Isolation of Biosurfactant‒Producing Bacteria Product Characterization, and Evaluation［J］. Acta Biotechnol, 11: 315‒324.

［3］ Al‒Bahry S N, Elshafie A E, Al‒Wahaibi Y M, et al. 2013. Isolation and characterization of biosurfactant/biopolymer producing spore forming bacteria from oil contaminated sites and oil field of Oman［J］. Apcbee Proc, 5: 242‒246.

［4］ Al‒Hattali R, Al‒Sulaimani H, Al‒Wahaibi Y, et al. 2013. Fractured carbonate reservoirs sweep efficiency improvement using microbial biomass［J］. J Petrol Sci Eng, 112: 178‒184.

［5］ Alireza1 S A, Shahab A S, Hassan M, et al. 2007. The in situ microbial enhanced oil recovery in fractured porous media［J］. Journal of Petroleum Science and Engineering, 58(1/2): 161‒172.

［6］ Almeida P E, Moreira R S, Almeida RCC, et al. 2004. Selection and application of microorganisms to improve oil recovery［J］. Eng Life Sci, 4(4): 319‒325.

［7］ Al‒Sayegh A, Al‒Wahaibi Y, Al‒Bahry S, et al. 2017. Enhanced Oil Recovery Using Biotransformation Technique on Heavy Crude Oil［J］. Int J Geomate, 13: 75‒79.

［8］ Al‒sulaimani H, Al‒wahaibi Y, Al‒bahry S, et al. 2012. Residual‒oil recovery through injection of biosurfactant chemical surfactant, and mixtures of both under reservoir temperatures: induced‒wettability and interfacial‒tension effects［J］. SPE Reservoir Evaluation & Engineering, 15(2): 210‒217.

［9］ Al‒Sulaimani H, Al‒Wahaibi Y, Al‒Bahry S, et al. 2011. Optimization and partial characterization of biosurfactants produced by Bacillus species and their potential for ex‒situ enhanced oil recovery［J］. Spe J, 16(3): 672‒682.

［10］ Amani H. 2015. Study of enhanced oil recovery by rhamnolipids in a homogeneous 2D micromodel［J］. J Pet Sci Eng, 128: 212‒219.

［11］ Arash Rabiei, Milad Sharifinik, ALI Niazi, et al. 2013. Core flooding tests to investigate the effects of IFT reduction and wettability alteration on oil recovery during MEOR process in an Iranian oil reservoir［J］. Applied Microbiology and Biotechnology, 97(13): 5979‒5991.

［12］ Armstrong R T, Wildenschild D, Bay B K. 2015. The effect of pore morphology on microbial enhanced oil recovery［J］. J Pet Sci Eng, 130: 16‒25.

［13］ Atipan Saimmai, Onkamon Rukadee, Theerawat Onlamool, et al. 2012. Isolation and functional characterization of a biosurfactant produced by a new and promising strain of Ole-

208

omonas sagaranensis AT18[J]. World Journal of Microbiology and Biotechnology, 28(10):
2973-2986.

[14] Bao M, Liu T, Chen Z, et al. 2013. A Laboratory Study for Assessing Microbial Enhanced
Oil Recovery[J]. Energ Source Part A, 35: 2141-2148.

[15] Bao M T, Kong X P, Jiang G C, et al. 2009. Laboratory study on activating indigenous mi-
croorganisms to enhance oil recovery in Shengli Oilfield[J]. J Petrol Sci Eng, 66(1-2):
42-46.

[16] Baron F, Cochet M F, Ablain W, et al. 2006. Rapid and cost-effective method for microor-
ganism enumeration based on miniaturization of the conventional plate-counting technique
[J]. Le Lait, 86: 251-257.

[17] Behlulgil K, Mehmetoglu T, Donmez S. 1992. Application of Microbial Enhanced Oil-Re-
covery Technique to a Turkish Heavy Oil[J]. Appl Microbiol Biot, 36: 833-835.

[18] Bezza F A, and Chirwa E M N. 2015. Production and applications of lipopeptide biosurfac-
tant for bioremediation and oil recovery by Bacillus subtilis CN2[J]. Biochem Eng J, 101:
168-178.

[19] Bhardwaj G, Cameotra S S, Chopra H K. 2015. Utilization of oil industry residues for the
production of rhamnolipids by Pseudomonas indica [J]. Journal of Surfactants and
Detergents, 18(5): 887-893.

[20] Bi Y Q, Yu L, Huang L X, et al. 2016. Microscopic profile control mechanism and
potential application of the biopolymer-producing strain FY-07 for microbial enhanced oil re-
covery[J]. Petrol Sci Technol, 34(24): 1952-1957.

[21] Brown L R. 2010. Microbial enhanced oil recovery (MEOR)[J]. Current Opinion in Micro-
biology, 13(3): 316-320.

[22] Brown L R. 2010. Microbial enhanced oil recovery (MEOR) [J]. Curr Opin Microbiol, 13
(3): 316-320.

[23] Bryant R S, Douglas J. 1988. Evaluation of microbial systems in porous media for EOR[J].
SPE Reservoir Engineering, 3: 489-495.

[24] Bryant S L, and Lockhart T P. 2001. Reservoir-engineering analysis of microbial enhanced
oil recovery[J]. J Petrol Technol, 53(1): 57-58.

[25] Cai M M, Yu C, Wang R X, et al. 2015. Effects of oxygen injection on oil biodegradation
and biodiversity of reservoir microorganisms in Dagang oil field[J]. China Int Biodeter Bio-
degr, 98: 59-65.

[26] Cao G, Liu T, Ba Y, et al. 2013. Microbial flooding after polymer flooding pilot test in Ng3
of Zhong1 area[J]. Gudao oil-field. Petrol Geol Recover Effic, 20(6): 94-96.

[27] Chang H L, Alvarez Cohen. 1995. Model for the cometabolic biodegradation of chlorinated
organics[J]. Environmental Science and technology, 29(9): 2357-2367.

[28] Chang M M, Chung F T H, Bryant R S, et al. 1991. Modeling and laboratory investigation of microbial transport phenomena in porous media[C]. SPE Annual Technical Conference and Exhibition, 26(2): 53-57.

[29] Chang M M. 1991. Modeling and laboratory investigation of microbial transport phenomena in porous media[J]. SPE, 22845.

[30] Chen H L, Chen Y S, Juang R S. 2008. Recovery of surfactin from fermentation broths by a hybrid salting-out and membrane filtration process[J]. Separation and Purification Technology, 59(3): 244-252.

[31] Chen Hau-Ren, Chen Chien-Cheng, Reddy A Satyanarayana, et al. 2011. Removal of mercury by foam fractionation using surfactin, a biosurfactant[J]. International Journal of Molecular Sciences, 12(11): 8245-8258.

[32] Cheng M M, Lei G L, Gao J B, et al. 2014. Laboratory Experiment, Production Performance Prediction Model, and Field Application of Multi-slug Microbial Enhanced Oil Recovery[J]. Energ Fuel, 28: 6655-6665.

[33] Chrzanowski Ł, Ławniczak Ł, Czaczyk K. 2012. Why do microorganisms produce rhamnolipids[J]. World J Microbiol Biotechnol, 28: 401-419.

[34] Cooper D G, Goldenberg B G. 1987. Surface-active agents from two Bacillus species[J]. Appl Environ Microbiol, 53: 224-229.

[35] Dai C L, Liu Y F, Zou C W, et al. 2017. Investigation on matching relationship between dispersed particle gel (DPG) and reservoir pore-throats for in-depth profile control[J]. Fuel, 207: 109-120.

[36] Dai C L, Zhao J, Jiang H Q, et al. 2013. Research and Field Application of Polymer-Multiple Emulsion Crosslinker Gel for the Deep Profile Control[J]. Petrol Sci Technol, 31(9): 902-912.

[37] Dalili D, Amini M, Faramarzi M A, et al. 2015. Isolation and structural characterization of coryxin, a novel cyclic lipopeptide from Corynebacterium xerosis NS5 having emulsifying and anti-biofilm activity[J]. Colloid Surface B, 135: 425-432.

[38] Daniel P, Vollmer, Ke Ming-jie, et al. 1998. Low-corrosion brine provides high-temperature completion alternative[J]. Oil and Gas, 24: 48-54.

[39] Darvishi P, Ayatollahi S, Mowla D, et al. 2011. Biosurfactant production under extreme environmental conditions by an efficient microbial consortium, ERCPPI-2[J]. Colloid Surface B, 84: 292-300.

[40] Dastgheib S M M, Amoozegar M A, Elahi E, et al. 2008. Bioemulsifier production by a halothermophilic Bacillus strain with potential applications in microbially enhanced oil recovery[J]. Biotechnol Lett, 30: 263-270.

[41] Dhanarajan G, Rangarajan V, Bandi C, et al. 2017. Biosurfactant-biopolymer driven micro-

bial enhanced oil recovery (MEOR) and its optimization by an ANN-GA hybrid technique [J]. J Biotechnol, 256: 46-56.

[42] Ding M S, Zhang Y, Liu J, et al. 2014. Application of microbial enhanced oil recovery technology in water-based bitumen extraction from weathered oil sands[J]. Aiche J, 60 (8): 2985-2993.

[43] Fang Y L, Wilkins M J, Yabusaki S B, et al. 2012. Evaluation of a Genome-Scale In Silico Metabolic Model for Geobacter metallireducens by Using Proteomic Data from a Field Biostimulation Experiment[J]. Appl Environ Microb, 78(24): 8735-8742.

[44] Fulazzaky M, Astuti D I, Ali Fulazzaky M. 2015. Laboratory simulation of microbial enhanced oil recovery using Geobacillus toebii R-32639 isolated from the Handil reservoir[J]. RRC Advances, 5: 3908-3916.

[45] Gao C H, Zekri A. 2011. Applications of Microbial-Enhanced Oil Recovery Technology in the Past Decade[J]. Energ Source Part A, 33: 972-989.

[46] Gao H, Zhang J H, Lai H X, et al. 2017. Degradation of asphaltenes by two Pseudomonas aeruginosa strains and their effects on physicochemical properties of crude oil[J]. Int Biodeter Biodegr, 122: 12-22.

[47] Gao P K, Li G Q, Dai X C, et al. 2013. Nutrients and oxygen alter reservoir biochemical characters and enhance oil recovery during biostimulation[J]. World J Microb Biot, 29: 2045-2054.

[48] Ghojavand H, Vahabzadeh F, Shahraki A K. 2012. Enhanced oil recovery from low permeability dolomite cores using biosurfactant produced by a Bacillus mojavensis (PTCC 1696) isolated from Masjed-I Soleyman field[J]. J Petrol Sci Eng, 81: 24-30.

[49] Ghojavand H, Vahabzadeh F, Roayaei E, et al. 2008. Production and properties of a biosurfactant obtained from a member of the Bacillus subtilis group (PTCC 1696)[J]. J Colloid Interf Sci, 324(1-2): 172-176.

[50] Gudina E J, Pereira J F B, Rodrigues L R, et al. 2012. Isolation and study of microorganisms from oil samples for application in Microbial Enhanced Oil Recovery[J]. Int Biodeter Biodegr, 68: 56-64.

[51] GuptaR, Mohanty K K. 2011. Wettability alteration mechanism for oil recovery from fractured carbonate rocks[J]. Transport in Porous Media. 87(2): 635-652.

[52] Haba E, Espuny M J, Busquets M, et al. 2000. Screening and production of rhamnolipids by Pseudomonas aeruginosa 47T2 NCIB 40044 from waste frying oils[J]. J Appl Microbiol, 88(3): 379-387.

[53] Halim A Y, Nielsen S M, Lantz A E., et al. 2015. Investigation of spore forming bacterial flooding for enhanced oil recovery in a North Sea chalk Reservoir[J]. J Petrol Sci Eng, 133: 444-454.

[54] Halim A Y, Nielsen S M, Nielsen K F, et al. 2017. Towards the understanding of microbial metabolism in relation to microbial enhanced oil recovery[J]. J Petrol Sci Eng, 149: 151-160.

[55] Hashemi S Z, Fooladi J, Ebrahimipour G, et al. 2016. Isolation and identification of crude oil degrading and biosurfactant producing bacteria from the oil – contaminated soils of gachsaran[J]. Appl Food Biotechnol, 3(2): 83-89.

[56] Haward Siv K. 1995. Formate brines for drilling and completion: state of the art[J]. SPE, 30498.

[57] Huang L, Yu L, Luo Z, et al. 2014. A Microbial-enhanced Oil Recovery Trial in Huabei Oilfield in China[J]. Petrol Sci Technol, 32: 584-592.

[58] Hubert J, Ple K, Hamzaoui M, et al. 2012. New perspectives for microbial glycolipid fractionation and purification processes[J]. Comptes Rendus Chimie, 15(1): 18-28.

[59] Ibatullin R R. 1995. A Microbial Enhanced Oil-Recovery Method Modified for Water-Flooded Strata[J]. Microbiology, 64(2): 240-241.

[60] Islam M P. Mathematical modeling of microbial enhanced oil recovery[J]. SPE, 20480.

[61] Islam M R. 1990. Mathematical modeling of microbial enhanced oil recovery[C]. SPE Annual Technical Conference and Exhibition.

[62] Ismail W A, Van Hamme J D, Kilbane J J, et al. 2017. Petroleum Microbial Biotechnology: Challenges and Prospects[J]. Front iers in Microbiology, 8: 833.

[63] Jha S S, Joshi S J, Geetha S J. 2016. Lipopeptide production by Bacillus subtilis R1 and its possible applications[J]. Braz J Microbiol, 47: 955-964.

[64] Jiang Y, Qi H, Zhang X M, et al. 2012. Inorganic impurity removal from waste oil and wash-down water by Acinetobacter johnsonii[J]. Journal of Hazardous Materials, 239-240 (15): 289-293.

[65] Jiang Y, Zhang X M, Chen G X, et al. 2012. The pilot study for waste oil removal from oilfields by Acinetobacter johnsonii using a specialized batch bioreactor[J]. Biotechnology and Bioprocess Engineering, 17(6): 1300-1305.

[66] Joshi S, Bharucha C, Jha S, et al. 2008. Biosurfactant production using molasses and whey under thermophilic conditions[J]. Bioresource Technol, 99(1): 195-199.

[67] Joshi S J, Geetha S J, Desai A J. 2015. Characterization and application of biosurfactant produced by Bacillus licheniformis R2[J]. Applied Biochemistry and Biotechnology, 177 (2): 346-361.

[68] Joy S, Rahman P K S M, Sharma S. 2017. Biosurfactant production and concomitant hydrocarbon degradation potentials of bacteria isolated from extreme and hydrocarbon contaminated environments[J]. Chem Eng J, 317: 232-241.

[69] Juang R S, Chen H L, Tsao S C. 2012. Recovery and separation of surfactin from pretrea-
212

ted Bacillus subtilis broth by reverse micellar extraction[J]. Biochemical Engineering Journal, 61(2): 78–83.

[70] Karimi M, Mahmoodi M, Niazi A, et al. 2012. Investigating wettability alteration during MEOR process, a micro/macro scale analysis[J]. Colloids and Surfaces B–Biointerfaces, 81: 49–56.

[71] Ke C Y, Lu G M, Wei Y L, et al. 2019. Biodegradation of crude oil by *Chelatococcus daeguensis* HB–4 and its potential for microbial enhanced oil recovery (MEOR) in heavy oil reservoirs, Bioresource Technology, 287: 121442.

[72] Ke C Y, Sun W J, Li Y B, et al. 2018. Polymer–Assisted Microbial–Enhanced Oil Recovery, Energy Fuels, 32(5): 5885–5892.

[73] Ke C Y, Sun W J, Li Y B, et al. 2018. Microbial enhanced oil recovery in Baolige Oilfield using an indigenous facultative anaerobic strain Luteimonas huabeiensis sp. Nov, Journal of Petroleum Science and Engineering, 167: 160–167.

[74] Ke C Y, Lu G M, Li Y B, et al. A pilot study on large–scale microbial enhanced oil recovery (MEOR) in Baolige Oilfield. International Biodeterioration & Biodegradation, 127: 247 –253.

[75] Knapp R M, McInerney J M, Menzie D. 1987. Microbial strains and products for mobility control and oil displacement[R]. Norman(USA): Oklahoma Univ, Norman(USA). Dept. of Botany and Microbiology.

[76] Kruger M, Dopffel N, Sitte J, et al. 2016. Sampling for MEOR: Comparison of surface and subsurface sampling and its impact on field applications[J]. J Petrol Sci Eng, 146: 1192 –1201.

[77] Kryachko Y, Nathoo S, Lai P, et al. 2013. Prospects for using native and recombinant rhamnolipid producers for microbially enhanced oil recovery[J]. Int Biodeter Biodegr, 81: 133 –140.

[78] Kryachko Y, Voordouw G. 2014. Microbially enhanced oil recovery from miniature model columns through stimulation of indigenous microflora with nitrate[J]. Int Biodeter Biodegr, 96: 135–143.

[79] Kurbanoglu E B, Kurbanoglu N I. 2007. Ram horn hydrolysate as enhancer of xanthan production in batch culture of Xanthomonas campestris EBK–4 isolate[J]. Process Biochem, 42(7): 1146–1149.

[80] KwonT H, Ajo–Franklin J–B. 2013. High–frequency seismic response during permeability reduction due to biopolymer clogging in unconsolidated porous media[J]. Geophysics, 78 (6): En117–En127.

[81] Lan G H, Chen C, Liu Y Q, et al. 2017. Corrosion of carbon steel induced by a microbial–enhanced oil recovery bacterium Pseudomonas sp SWP–4[J]. Rsc Adv, 7(10): 5583–5594.

213

［82］ Lan G H, Fan Q, Liu Y Q, et al. 2015. Effects of the addition of waste cooking oil on heavy crude oil biodegradation and microbial enhanced oil recovery using Pseudomonas sp SWP-4 ［J］. Biochem Eng J, 103: 219-226.

［83］ Ławniczak Ł, Marecik R, Chrzanowski Ł. 2013. Contributions of biosurfactants to natural or induced bioremediation［J］. Appl Microbiol Biotechnol, 97: 2327-2339.

［84］ Lazar I, Petrisor I G, Yen T E. 2007. Microbial enhanced oil recovery (MEOR)［J］. Petrol Sci Technol, 25: 1353-1366.

［85］ Lazar I, Voicu A, Nicolescu C, et al. 1999. The use of naturally occurring selectively isolated bacteria for inhibiting paraffin deposition［J］. J Petrol Sci Eng, 22(1-3): 161-169.

［86］ Le J J, Wu X L, Wang R, et al. 2015. Progress in pilot testing of microbial-enhanced oil recovery in the Daqing oilfield of north China［J］. Int Biodeter Biodegr, 97: 188-194.

［87］ Li H, Ai M Q, Han S Q, et al. 2012. Microbial diversity and functionally distinct groups in produced water from the Daqing Oilfield［J］, China Petrol Sci, 9(4): 469-484.

［88］ Li J, Liu J S, Trefry M G, et al. 2011. Interactions of microbial enhanced oil recovery processes［J］. Transport in Porous Media, 87(1): 77-104.

［89］ Li W, Hou Z W, Guo M H, et al. 2015. The study and application of microbial profile modification in Bei-erxi reservoir of Daqing oilfield［J］. Advances in Energy Science and Equipment Engineering, 1301-1305.

［90］ Li Y M, Yang S Z, Mu B Z. 2010. Structural characterization of lipopeptide methyl esters produced by Bacillus licheniformis HSN 221［J］. Chemistry & Biodiversity, 7: 2065-2074.

［91］ Li C F, Li Y, Li X M, et al. 2015. The Application of Microbial Enhanced Oil Recovery Technology in Shengli Oilfield［J］. Petrol Sci Technol, 33: 556-560.

［92］ Li Q X, Kang C B, Wang H, et al. 2002. Application of microbial enhanced oil recovery technique to Daqing Oilfield［J］. Biochem Eng J, 11: 197-199.

［93］ Liang X L, Shi R J, Radosevich M, et al. 2017. Anaerobic lipopeptide biosurfactant production by an engineered bacterial strain for in situ microbial enhanced oil recovery［J］. Rsc Adv, 7(33): 20667-20676.

［94］ Liu B L, Chang Y W, Yang L, et al. 2014. Theoretical production of metabolites for microbial enhanced oil recovery in reservoirs［J］. J Chin Univ Pet, 38: 165-170, 179.

［95］ Liu J H, Jia Y P, Xu R D. 2012. Microbial prevention of wax deposition in crude oil［J］. Advances in Chemical Engineering II, 550-553, 1364-1368.

［96］ Long X W, Meng Q, Sha R Y, et al. 2012. Two-step ultrafiltration of rhamnolipids using PSU-g-PEG membrane［J］. Journal of Membrane Science, 409: 105-112.

［97］ Maharaj U, May M, Imbert M P. 1989. Microbial enhanced oil recovery［J］. Developments in Petroleum Science, 22(17): 423-450.

［98］ Mai A, Kantzas A. 2009. Heavy oil waterflooding: effects of flow rate and oil viscosity［J］.

J Can Pet Technol, 48: 42-51.

[99] Makkar S, Rockne K J. 2003. Comparison of synthetic surfactants andbiosurfactants in enhancing biodegradation of polycyclic aromatic hydrocarbons[J]. Environmental Toxicology and Chemistry, 22(10): 2280-2292.

[100] Miller G L, Wolin M J. 1974. A serum bottle modification of the Hungate technique for cultivating obligate anaerobes[J]. Appl Environ Microbiol, 27: 985-987.

[101] Mojdeh Delshad, Kazuhiro Asakawa, Gary A Pope, et al. Simulations of chemical and microbial enhanced oil recovery methods[J]. SPE/DOE, 75237.

[102] Muggeridge A, Cockin A, Webb K, et al. 2014. Recovery rates. enhanced oil recovery and technological limits. Philosophical transactions[J]. Series A, Mathematical, physical, and engineering sciences, 372(2006): 20120320.

[103] Mukherjee S, Das P, Sivapathasekaran C, et al. 2009. Antimicrobial biosurfactants from marine Bacillus circulans: extracellular synthesis and purification[J]. Letters in Applied Microbiology, 48(3): 281-288.

[104] Muyzer G, deWaal E C, Uitterlinden A G. 1993. Prof iling of complex microbial populations by denaturing gradient gel electrophoresis of polymerase chain reaction amplified gene encoding for 16S rRNA[J]. Appl Environ Mi crobiol, 59: 695-700.

[105] Nakamura S, Sakamoto Y, Ishiyama M, et al. 2007. Characterization of two oil-degrading bacterial groups in the Nakhodka oil spill[J]. Int Biodeter Biodegr, 60: 202-207.

[106] Nazar M F, Shah S S, Khosa M A. 2011. Microemulsions in Enhanced Oil Recovery: A Review[J]. Pet Sci Technol, 29: 1353-1365.

[107] Nemati M, Greene E A, Voordouw G. 2005. Permeability profile modification using bacterially formed calcium carbonate: comparison with enzymic option[J]. Process Biochem, 40: 925-933.

[108] Nerurkar A S, Suthar H G, Desal A J. 2012. Biosystem development for microbial enhanced oil recovery (MEOR)[J]. Microorganisms in Sustainable Agriculture and Biotechnology, 2: 711-737.

[109] Nielsen S M, Nesterov I, Shapiro A A. 2014. Simulations of Microbial-Enhanced Oil Recovery: Adsorption and Filtration[J]. Transport Porous Med, 102: 227-259.

[110] Noh D H, Kwon T H. 2015. Seismic Monitoring of Microbial Plugging for Microbial Enhanced Oil Recovery. From Fundamentals to Applications in Geotechnics, 807-813.

[111] Palaniraj A, Jayaraman V. 2011. Production, recovery and applications of xanthan gum by Xanthomonas campestris[J]. J Food Eng, 106(1): 1-12.

[112] Patel J, Borgohain S, Kumar M, et al. 2015. Recent developments in microbial enhanced oil recovery[J]. Renew. Sustainable Energy Rev, 52: 1539-1558.

[113] Pekdemir T, Copur M, Urum K. 2005. Emulsification of crude oil-water systems using bi-

osurfactants[J]. Process Safety and Environmental Protection, 83(B1): 38-46.

[114] Pereira J F B, Gudina E J, Costa R, et al. 2013. Optimization and characterization of bio-surfactant production by Bacillus subtilis isolates towards microbial enhanced oil recovery applications[J]. Fuel, 111: 259-268.

[115] Prabhu Y, Phale P S. 2003. Biodegradation of phenanthrene by Pseudomonas sp. strain PP2: Novel metabolic pathway, role of biosurfactant and cell surface hydrophobicity in hy-drocarbon assimilation[J]. Appl Microbiol Biotechnol, 61(4): 342-351.

[116] Rabiei A, Sharifinik M, Niazi A, et al. 2013. Core flooding tests to investigate the effects of IFT reduction and wettability alteration on oil recovery during MEOR process in an Iranian oil reservoir. Appl Microbiol Biot, 97(13): 5979-5991.

[117] Reksidler R, Volpon A G, Barbosa L C F, et al. 2010. A microbial enhanced oil recovery field pilot in a Brazilian Onshore Oilfield[J]. SPE, Improved Oil Recovery Symposium, Society of Petroleum Engineers.

[118] Rellegadla S, Prajapat G, Agrawal A. 2017. Polymers for enhanced oil recovery: funda-mentals and selection criteria[J]. Appl Microbiol Biot, 101(11): 4387-4402.

[119] Rodriguez N, Salgado J M, Cortes S, et al. 2010. Alternatives for biosurfactants and bacte-riocins extraction from Lactococcus lactis cultures produced under different pH conditions [J]. Letters in Applied Microbiology, 51(2): 226-233.

[120] Roling W F M, Head I M, Larter S R. 2003. The microbiology of hydrocarbon degradation in subsurface petroleum reservoirs, perspectives and prospects[J]. Res Microbiol, 154 (5): 321-328.

[121] Safdel M, Anbaz M A, Daryasafar A, et al. 2017. Microbial enhanced oil recovery, a criti-cal review on worldwide implemented field trials in different countries[J]. Renew Sust Energ Rev, 74: 159-172.

[122] Safdel M, Anbaz M A, Daryasafar A, et al. 2017. Microbial enhanced oil recovery, a criti-cal review on worldwide implemented field trials in different countries[J]. Renew Sust Energ Rev, 74: 159-172.

[123] Saikrishna Maudgalya. 2005. Experimental and numerical simulation study of microbial en-hanced oil recovery using bio surfactants[D]. Submitied to the Graduate College Faculty.

[124] Sakthivel S, Velusamy S, Gardas R L, et al. 2015. Adsorption of aliphatic ionic liquids at low waxy crude oil-water interfaces and the effect of brine[J]. Colloid Surface A, 468: 62-75.

[125] Sakthivel S, Velusamy S, Gardas R L, et al. 2015. Adsorption of aliphatic ionic liquids at low waxy crude oil-water interfaces and the effect of brine[J]. Colloid Surface A, 468: 62-75.

[126] Sanchez G, Marin A, Vierma L. 1993. Isolation of thermophilic bacteria from a venezuelan oil-field[J]. Dev Petr Sci, 39: 383-389.

216

[127] Sarachat T, Pornsunthorntawee O, Chavadej S, et al. 2010. Purification and concentration of a rhamnolipid biosurfactant produced by Pseudomonas aeruginosa SP4 using foam fractionation[J]. Bioresource Technology, 101(1): 324-330.

[128] Satpute S K, Banat I M, Dhakephalkar P K, et al. 2010. Biosurfactants, bioemulsifiers and exopolysaccharides from marine microorganisms[J]. Biotechnol Adv, 28: 436-450.

[129] Sen R. 2008. Biotechnology in petroleum recovery: The microbial EOR[J]. Prog Energ Combust, 34(6): 714-724.

[130] Sen R. 2008. Biotechnology in petroleum recovery: The microbial EOR[J]. Prog Energy Combust Sci, 34: 714-724.

[131] Sengupta D. 2009. Application of Biotechnology in Petroleum Industry-Microbial Enhanced Oil Recovery[J]. Current Research Topics in Applied Microbiology and Microbial Biotechnology, 425-428.

[132] Shahaliyan F, Safahieh A, Abyar H. 2015. Evaluation of emulsification index in marine bacteria Pseudomonas sp and Bacillus sp[J]. Arabian Journal for Science and Engineering, 40(7): 1849-1854.

[133] She Y, Shu F, Wang Z, et al. 2012. Investigation of Indigenous Microbial Enhanced Oil Recovery in a Middle Salinity Petroleum Reservoir[J]. Future Materials Engineering and Industry Application, 365: 326-331.

[134] Shekhar S, Sundaramanickam A, Balasubramanian T. 2015. Biosurfactant producing microbes and their potential applications: a review[J]. Critical Reviews in Environmental Science and Technology, 45(14): 1522-1554.

[135] Shibulal B, Al-Bahry S N, Al-Wahaibi Y M, et al. 2014. Microbial enhanced heavy oil recovery by the aid of inhabitant spore-forming bacteria: an insight review[J]. Sci World J, 2014: 309159.

[136] Siddique T, Fedorak P M, Foght J M. 2006. Biodegradation of short-chain n-alkanes in oil sands tailings under methanogenic conditions[J]. Environ Sci Technol, 40(17): 5459-5464.

[137] Siegert M, Sitte J, Galushko A, et al. 2014. Starting Up Microbial Enhanced Oil Recovery [J]. Adv Biochem Eng Biot, 142: 1-94.

[138] Sivapathasekaran C, Mukherjee Soumen, Sen Ramkrishna, et al. 2011. Single step concomitant concentration, purification and characterization of two families of lipopeptides of marine origin[J]. Bioprocess and Biosystems Engineering, 34(3): 339-346.

[139] Sivasankar P, Kumar G S. 2014. Numerical modelling of enhanced oil recovery by microbial flooding under non-isothermal conditions[J]. J Pet Scie Eng, 124: 161-172.

[140] Song Z Y, Zhu W Y, Sun G Z, et al. 2015. Dynamic investigation of nutrient consumption and injection strategy in microbial enhanced oil recovery (MEOR) by means of large-scale experiments[J]. Appl Microbiol Biot, 99: 6551-6561.

[141] Souayeh M, Al-Wahaibi Y, Al-Bahry S, et al. 2014. Optimization of a low-concentration bacillus subtilis strain biosurfactant toward microbial enhanced oil recovery[J]. Energ Fuel, 28(9): 5606-5611.

[142] Spirov P, Ivanova Y, Rudyk S. 2014. Modelling of microbial enhanced oil recovery application using anaerobic gas-producing bacteria[J]. Pet Sci, 11: 272-278.

[143] Sun S S, Zhang Z Z, Luo Y J, et al. 2011. Exopolysaccharide production by a genetically engineered Enterobacter cloacae strain for microbial enhanced oil recovery[J]. Bioresource Technol, 102(10): 6153-6158.

[144] Sun S S, Luo Y J, Cao S Y, et al. 2013. Construction and evaluation of an exopolysaccharide-producing engineered bacterial strain by protoplast fusion for microbial enhanced oil recovery[J]. Bioresource Technol, 144: 44-49.

[145] Sun S S, Zhang Z Z, Luo Y J, et al. 2011. Exopolysaccharide production by a genetically engineered Enterobacter cloacae strain for microbial enhanced oil recovery[J]. Bioresource Technol, 102(10): 6153-6158.

[146] Surasani V K, Li L, Ajo – Franklin J B, et al. 2013. Bioclogging and Permeability Alteration by L-mesenteroides in a Sandstone Reservoir: A Reactive Transport Modeling Study[J]. Energ Fuel, 27(11): 6538-6551.

[147] Taware S, Alhuthali A H, Sharma M, et al. 2017. Optimal rate control under geologic uncertainty: water flood and EOR processes[J]. Optim Eng, 18: 63-86.

[148] Townsend G T, Prince R C, Suflita J M. 2003. Anaerobic oxidation of crude oil hydrocarbons by the resident microorganisms of a contaminated anoxic aquifer[J]. Environ Sci Technol, 37(22): 5213-5218.

[149] Vallaeys T, Topp E, Muyzer G, et al. 1997. Evaluat ion of denaturing gradient gel electrophoresis in the detect ion of 16S rDNA sequence variation in rhizobia and methanotrophs[J]. FEMS Mi cryobiology Ecology, 24: 279- 2851.

[150] Vargas-Vasquez S M, Romero-Zeron L B. 2008. A review of the partly hydrolyzed polyacrylamide Cr(III) acetate polymer gels[J]. Petrol Sci Technol, 26(4): 481-498.

[151] Varjani S J, Upasani V N. 2017. Critical review on biosurfactant analysis, purification and characterization using rhamnolipid as a model biosurfactant[J]. Bioresource Technol, 232: 389-397.

[152] Vasileva-Tonkova E, Gesheva V. 2007. Biosurfactant production by antarctic facultative anaerobe Pantoea sp during growth on hydrocarbons [J]. Curr Microbiol, 54 (2): 136-141.

[153] Vilcaez J, Li L, Wu D H, Hubbard S S. 2013. Reactive Transport Modeling of Induced Selective Plugging by Leuconostoc Mesenteroides in Carbonate Formations [J]. Geomicrobiol J, 30(9): 813-828.

218

[154] Wachtmeister H, Lund L, Aleklett K, et al. 2017. Production Decline Curves of Tight Oil Wells in Eagle Ford Shale[J]. Nat Resour Res, 26: 365-377.

[155] WangY, Lu Z X, Bie X M, et al. 2010. Separation and extraction of antimicrobial lipopeptides produced by Bacillus amyloliquefaciens ES-2 with macroporous resin[J]. European Food Research and Technology, 231(2): 189-196.

[156] Wang J, Yan G W, An M Q, et al. 2008. Study of a plugging microbial consortium using crude oil as sole carbon source[J]. Petrol Sci, 5(4): 367-374.

[157] Wang L Y, Gao C X, Mbadinga S M, et al. 2011. Characterization of an alkane-degrading methanogenic enrichment culture from production water of an oil reservoir after 274 days of incubation[J]. Int Biodeter Biodegr, 65(3): 444-450.

[158] Wang Z B, Zhao X T, Bai Y R, et al. 2016. Study of a Double Cross-Linked HPAM Gel for in-Depth Profile Control[J]. J Disper Sci Technol, 37(7): 1010-1018.

[159] Wang Z C, Wu J R, Zhu L, et al. 2017. Characterization of xanthan gum produced from glycerol by a mutant strain Xanthomonas campestris CCTCC M2015714[J]. Carbohyd Polym, 157: 521-526.

[160] Wang S M, Li Z, Liu B, et al. 2015. Molecular mechanisms for surfactant-aided oil removal from a solid surface[J]. Appl Surf Sci, 359: 98-105.

[161] Weidong W, Junzhang L, Xueli G, et al. 2014. MEOR field test at block Luo801 of Shengli oil field in China[J]. Petrol Sci Technol, 32(6): 673-679.

[162] Whitby C, Skovhus T L. 2011. Applied Microbiology and Molecular Biology in Oilfield Systems[D]: Proceedings from the International Symposium on Applied Microbiology and Molecular Biology in Oil Systems (ISMOS-2), Springer.

[163] Witek-krowiak A, Witek J, Gruszczynska A, et al. 2011. Ultrafiltrative separation of rhamnolipid from culture medium[J]. World Journal of Microbiology & Biotechnology, 27 (8): 1961-1964.

[164] Wu G, Liu Y, Li Q, et al. 2013. Luteimonas huabeiensis sp nov. , isolated from stratum water[J]. Int J Syst Evol Micr, 63: 3352-3357.

[165] Wu J C, Lv X M, Ou Z J, et al. 2012. Lab studies of meor strains optimization for high salinity reservoirs, advanced materials research[J]. Trans Tech Publ, 343-344.

[166] Wuquan L, Xiaoxia Y, Liang Z. 2011. Shen 84-An12 block secondary development of deep displacement reservoir engineering project research[J]. Petroleum Geology and Engineering, 6(25): 33-37.

[167] Xia W J, Yu L, Wang P, et al. 2012. Characterization of a thermophilic and halotolerant Geobacillus pallidus H9 and its application in microbial enhanced oil recovery (MEOR) [J]. Ann Microbiol, 62: 1779-1789.

[168] Yang C C, Yue X A, Li C Y, et al. 2017. Combining carbon dioxide and strong emulsifier

219

in-depth huff and puff with DCA microsphere plugging in horizontal wells of high tempera-ture and high-salinity reservoirs[J]. J Nat Gas Sci Eng, 42: 56-68.

[169] Yang Huan, Li Xu, Li Xue, et al. 2015. Identification of lipopeptide isoforms by MALDI-TOF-MS/MS based on the simultaneous purification of iturin, fengycin, and surfactin by RP-HPLC[J]. Analytical and Bioanalytical Chemistry, 407(9): 2529-2542.

[170] Yang Z J, Jia S G, Zhang L H, et al. 2016. Deep profile adjustment and oil displacement sweep control technique for abnormally high temperature and high salinity reservoirs[J]. Petrol Explor Dev+, 43(1): 97-105.

[171] Yin H, Qiang J, Jia Y, et al. 2009. Characteristics of biosurfactant produced by Pseudo-monas aeruginosa S6 isolated from oil-containing wastewater[J]. Process Biochemtry, 44 (3): 302-308.

[172] Yoon J H, Kang S J, Im W T, et al. 2008. Chelatococcus daeguensis sp. nov., isolated from waste water of a textile dye works, and emended description of the genus Chelatococcus [J]. IJSEM, 58(9): 2224-2228.

[173] You J, Wu G, Ren F P, et al. 2016. Microbial community dynamics in Baolige oilfield during MEOR treatment, revealed by Illumina MiSeq sequencing[J]. Appl Microbiol Biot, 100(3): 1469-1478.

[174] Youssef N, Simpson D R, McInerney M J, et al. 2013. In-situ lipopeptide biosurfactant production by Bacillus strains correlates with improved oil recovery in two oil wells approac-hing their economic limit of production[J]. Int Biodeter Biodegr, 81: 127-132.

[175] Yun L. 2014. Application of high dose deep profile control technology in high water cut and high recovery percent reservoir of Xiaoji oilfield[J]. Journal of Petrochemical Universities, 27(5): 85-90.

[176] Zengler K, Richnow H H, Rossello-Mora R, et al. 1999. Methane formation from long-chain alkanes by anaerobic microorganisms[J]. Nature, 401(6750): 266-269.

[177] Zhang C L, Qu G D, Song G L. 2017. Formulation Development of High Strength Gel Sys-tem and Evaluation on Profile Control Performance for High Salinity and Low Permeability Fractured Reservoir[J]. International Journal of Analytical Chemistry, 2017, 1-9.

[178] Zhang F, She Y H, Ma S S, et al. 2010. Response of microbial community structure to mi-crobial plugging in a mesothermic petroleum reservoir in China[J]. Appl Microbiol Biot, 88(6): 1413-1422.

[179] Zhang L, Zheng L M, Pa J Y, et al. 2016. Influence of Hydrolyzed Polyacrylamide (HPAM) Molecular Weight on the Cross-Linking Reaction of the HPAM/Cr3+ System and Transportation of the HPAM/Cr3+ System in Microfractures[J]. Energ Fuel, 30(11): 9351-9361.

[180] Zhang X, Knapp R M, McInerney M J. 1992. A mathematical model for microbially en-

hanced oil recovery process[J]. Developments in Petroleum Science, 39: 171-186.

[181] Zhang X. A mathematical model for microbial enhanced oil recovery process[J]. SPE/ DOE 24202.

[182] Zhang F, She Y H, Li H M, et al. 2012. Impact of an indigenous microbial enhanced oil recovery field trial on microbial community structure in a high pour-point oil reservoir[J]. Appl Microbiol Biot, 95(3): 811-821.

[183] Zhao J f, Li Z d, Li H X, et al. 2010. Thermocapillarymigration of deformable bubbles at moderate to large marangoni number in microgravity[J]. Microgravity Science and Technology, 22(3): 295-303.

[184] Zhao F, Shi R J, Cui Q F, et al. 2017. Biosurfactant production under diverse conditions by two kinds of biosurfactant-producing bacteria for microbial enhanced oil recovery[J]. J Petrol Sci Eng, 157: 124-130.

[185] Zhao F, Zhou J D, Han S Q, et al. 2016. Medium factors on anaerobic production of rhamnolipids by Pseudomonas aeruginosa SG and a simplifying medium for in situ microbial enhanced oil recovery applications[J]. World J Microb Biot, 32: 54.

[186] Zheng C G, Yu L, Huang L X, et al. 2012. Investigation of a hydrocarbon-degrading strain, Rhodococcus ruber Z25, for the potential of microbial enhanced oil recovery[J]. J Petrol Sci Eng, 81: 49-56.

[187] Zhou J F, Li G Q, Xie J J, et al. 2016. A novel bioemulsifier from Geobacillus stearothermophilus A-2 and its potential application in microbial enhanced oil recovery[J]. Rsc Adv, 6(98): 96347-96354.

[188] Zou C J, Wang M, Xing Y, et al. 2014. Characterization and optimization of biosurfactants produced by Acinetobacter baylyi ZJ2 isolated from crude oil-contaminated soil sample toward microbial enhanced oil recovery applications[J]. Biochem Eng J, 90: 49-58.

[189] 包木太, 牟伯中, 王修林. 2002. 采油微生物代谢产物分析[J]. 油田化学, 19(2): 188-191.

[190] 冯庆贤, 部庐山, 滕克孟, 等. 2001. 应用微观透明模型研究微生物驱油机理[J]. 油田化学, 18(3): 260-263.

[191] 陈爱华, 方新湘, 吕秀荣, 等. 2008. 克拉玛依油田内源微生物驱油机理探索[J]. 油气地质与采收率, 15(5): 75-77.

[192] 程昌茹, 张淑琴, 闫云贵, 等. 2006. 微生物驱油注入技术研究与应用[J]. 石油钻采工艺, 28(6): 46-50.

[193] 程海鹰, 王冷, 张津, 等. 2010. 油藏微生物生长与繁殖对多孔介质渗透率的影响[J]. 特种油气田, 17(2): 98-100.

[194] 程海鹰. 2006. 内源微生物提高采收率实验研究[J]. 石油勘探与开发, 33(1): 91-110.

[195] 张廷山, 兰光志, 邓莉, 等. 2001. 微生物降解稠油及提高采收率实验研究[J]. 石油

学报，22（1）：54-57.

[196] 刁虎欣. 1988. 黄原胶的研究（Ⅱ）野油菜黄学孢菌 NKol 菌株摇瓶发酵黄原胶条件试
验和中型发酵试验[J]. 南开大学学报（自然科学版），2：34-43.

[197] 方娅，马卫. 1999. 90 年代压裂液添加剂的现状及展望[J]. 石油钻探技术，27（3）：
42-46.

[198] 谷建伟，姜汉桥，王增林，等. 2002. 微生物采油数学模型发展现状[J]. 油气地质与
采收率，9（4）：5-7.

[199] 谷建伟，姜汉桥，王增林. 2002. 微生物采油数学模型发展现状[J]. 油气地质与采
收率，9（4）：5-8.

[200] 谷建伟，李孝刚. 2002. 微生物驱油数学模型[J]. 内蒙古石油化工，9（4）：147-149.

[201] 韩大匡，陈钦雷. 1993. 油藏数值模拟基础[M]. 北京：石油工业出版社.

[202] 何正国，向廷生，梅博文. 1999. 微生物采油机理研究[J]. 石油钻采工艺，22（1）：
19-21.

[203] 黄冬梅，杨正明，史连杰，等. 特低渗油藏微生物驱影响因素数值模拟研究[J]. 特
种油气藏，2007，14（3）：45-47.

[204] 黄冬梅，杨正明，史连杰. 特低渗油藏微生物驱影响因素数值模拟研究[J]. 特种油
气藏，2007，14（3）：45-48.

[205] 黄翔峰，彭开铭，刘佳，等. 2009. 生物表面活性素分离纯化技术进展[J]. 化工进
展，28（10）：1820-1827.

[206] 蒋平，张贵才，葛际江，等. 2007. 润湿反转机理的研究进展[J]. 西安石油大学学报
（自然科学版），22（6）：78-84.

[207] 景贵成，刘福海，郭尚平，等. 2004. 微生物局部富集提高原油采收率机理[J]. 石油
学报，25（5）：70-74.

[208] 康宏，郭艾琳，马梦彪，等. 2011. 产有机酸采油菌的筛选及产酸情况的分析[J]. 生
物技术，21（4）：89-93.

[209] 柯从玉，吴刚，游靖，等. 2013. 整体微生物驱油技术在宝力格油田规模化应用研究
[J]. 油田化学，30（2）：246-250.

[210] 柯从玉，吴刚，游靖，等. 2013. 采油微生物在微驱过程中的生长、运移及分布规律
[J]. 微生物学通报，40（5）：849-856.

[211] 孔祥平，包木太，汪卫东，等. 2005. 内源微生物提高原油采收率物理模拟驱油实验
研究[J]. 西安石油大学学报（自然科学版），20（1）：37-42.

[212] 赖枫鹏，岑芳，黄志文，等. 2006. 微生物采油技术发展概述[J]. 资源与产业，8
（2）：60-62.

[213] 雷光伦，陈月明，高联益. 2001. 微生物驱油数学模型[J]. 石油大学学报：自然科学
版，25（2）：46-49.

[214] 雷光伦，陈月明，高联益. 2001. 微生物驱油数学模型[J]. 石油大学学报（自然科学

版），25（2）：46-50.

[215] 雷光伦，陈月明．2002. 微生物采油产量预测模型[J]. 石油大学学报（自然科学版），26（2）：53-57.

[216] 雷光伦，陈月明．2000. 微生物提高采收率理论模型[J]. 石油勘探与开发，27（3）：47-51.

[217] 雷光伦，李希明，陈月明，等．2001. 微生物对岩石表面及地层流体性质的影响[J]. 油田化学，18（01）：71-75.

[218] 雷光伦，李希明，陈月明，等．2001. 微生物在油层中的运移能力及规律[J]. 石油勘探与开发，28（5）：75-78.

[219] 李福恺．1996. 黑油和组分模型的应用[M]. 北京：科学出版社.

[220] 李坷，李允．2006. 微生物驱提高采收率数值模拟研究因[J]. 西南石油学院学报，28（5）：65-68.

[221] 李坷．2005. 微生物驱油数值模拟研究[D]. 成都：西南石油学院.

[222] 李利军，孔红星，陆丹梅．2003. 蒽酮-硫酸法快速测定蔗糖的研究及应用[J]. 食品工业科技，24（10）：52-58.

[223] 李希明，亲传振，肖贤明．2006. 微生物采油技术物理模拟研究现状[J]. 石油钻采工艺，28（1）：32-35.

[224] 梁生康，王修林，陆金仁，等．2005. 假单胞菌 O-2-2 产鼠李糖脂的结构表征及理化性质[J]. 精细化工，22（7）：499-502.

[225] 刘国诠．2005. 色谱柱技术[M]. 北京：化学工业出版社.

[226] 刘洋，钟华，刘智峰，等．2014. 生物表面活性剂鼠李糖脂的纯化与表征[J]. 色谱，32（3）：248-255.

[227] 罗莉涛，刘先贵，廖广志，等．2015. 二元驱油水界面 Marangoni 对流启动残余油机理[J]. 西南石油大学学报（自然科学版），37（4）：152-160.

[228] 马继业，郭省学，雷光伦，等．2008. 高温高压条件下微生物驱油微观机理研究[J]. 油田化学，25（4）：369-373.

[229] 裴海华，张贵才，葛际江，等．2012. 稠油碱驱中液滴流提高采收率机理[J]. 石油学报，33（4）：663-669.

[230] 彭裕生，季华生，梁春秀，等．1996. 微生物提高石油采收率的矿场研究[M]. 北京：石油工业出版社.

[231] 石炳兴，赵红，刘喜朋，等．2001. 抗生素 AGPM 摇瓶发酵条件的正交实验[J]. 过程工程学报，1（4）：442-444.

[232] 时进钢，袁兴中，曾光明，等．2003. 生物表面活性剂的合成与提取研究进展[J]. 微生物学通报，30（1）：68-72.

[233] 覃生高．2006. 微生物驱油数值模拟研究与应用[D]. 大庆：大庆石油学院.

[234] 田静，王靖，冀光，等．2010. 鼠李糖脂生物表面活性剂及其纯化方法研究进展[J].

化学与生物工程，27(6)：13-16.

[235] 汪卫东，魏斌，谭云贤，等．2004. 微生物采油需要进一步解决的问题[J]. 石油勘探与开发，31(6)：152-156.

[236] 汪卫东，汪竹，耿雪莉，等．2002. 美国微生物采油技术现场应用效果分析[J]. 油气地质与采收率，9(6)：75-76.

[237] 汪卫东．2012. 微生物采油技术研究及试验[J]. 石油钻采工艺，34(1)：107-113.

[238] 王斌，杜文贞，杨广雷，等．2001. 微生物驱油矿场试验及效果分析[J]. 油气地质与采收率，8(2)：61-63.

[239] 王斐，南碎飞，窦梅，等．2010. 超滤与泡沫分离内耦合应用于表面活性物质浓缩分离的实验研究[J]. 化工学报，61(5)：1157-1162.

[240] 王惠，卢渊，伊向艺．2003. 国内外微生物采油技术综述[J]. 大庆石油地质与开发，22(5)：49-52.

[241] 王靖，章厚名，安明泉，等．2009. 高效产表面活性剂菌株(Lz2-1)的筛选及其特性研究[J]. 石油化工高等学校校报，22(3)：33-36.

[242] 王岚．2002. 微生物采油及其作用机理[J]. 世界地质，21(2)：138-140.

[243] 王鲁玉，马振生，李金发，等．2006. 单家寺油田单 S12 块内源微生物驱油试验研究[J]. 油气地质与采收率，13(3)：82-84.

[244] 翁天波．2008. 油井微生物调剖堵水方法[P]. 中国，CN101131075.

[245] 武春彬，单文文，余理．2008. 本源微生物驱油数值模拟及应用[J]. 辽宁工程技术大学学报(自然科学版)，27(5)：709-712.

[246] 武春彬，单文文，余理．2006. 本源微生物驱油数学模型研究[J]. 石油天然气学报(长江大学学报)，28(5)：98-100.

[247] 武春彬．2007. 本源微生物驱油机理及数值模拟[D]. 廊坊：中国科学院渗流流体力学研究所．

[248] 修建龙，董汉平，余理．2009. 微生物提高采收率数值模拟研究现状[J]. 油气地质与采收率，16(4)：86-90.

[249] 修建龙．2011. 内源微生物驱油数值模拟研究[D]. 廊坊：中科院渗流流体力学研究所．